반려동물,
사랑하니까 오해할 수 있어요

— 황윤태 지음 —

동물병원 진료실에서 마주친
수많은 오해들

시대
인

털북숭이 가족과 함께 살아가며 생기는 흔한 오해에 대하여

"뛰어노는 걸 싫어하는 얌전한 아기 강아지가 있을까요?"
이 질문이 잘 와닿지 않는다면 이렇게 여쭤볼게요.
"박찬호 선수가 과묵한 날이 있을까요?"
이런 질문을 누군가 한다면 저는 이렇게 대답할 거 같아요.
"몸이 진짜 진짜 많이 아픈 날에는 조용할 거 같아요."

물론 품종에 따라 차이는 있겠지만 대부분의 아기 강아지들은 매우 활기차게 뛰어놀기를 좋아해요. 형제자매 강아지들과 이리저리 뛰고 구르고 이것저것 물고 뜯으며, 그 작은 앞발로 무엇이든지 툭툭 건드리곤 하죠. 그렇게 엄청난 체력과 호기심을 발산하다가 어느 순간 방전돼 버린답니다.

이토록 에너지를 발산하는 아기 강아지들이 조금 자라면 '귀여움〉〉〉〉〉〉〉곤란함'의 부등식이 바뀌기 시작해요. '귀여움〉〉곤란함'으로 말이에요(곤란한 순간들이 아무리 늘어나도 아이들의 귀여움을 좇아오진 못하죠. 다들 인정하실 거예요).

활동 반경과 근력이 증가하면서 좀 더 스펙터클한 사고가 발생하게 되죠. 4~6 개월령이 되어 '뛰어오르기'와 '뛰어내리기' 기능이 탑재되는 순간, 2차원적으로 바닥 평면에서만 치던 사고가 3차원으로 업그레이드되어 입체적 공간에서 사고를 치기 시작합니다. 그런데 이런 상황에서도 선비처럼 얌전한 아이들이 있어요. 그런 아이들을 가족으로 맞이한 보호자분들은 이렇게 얘기하세요.

"우리 애는 어렸을 때부터 엄청 얌전했어요. 저를 닮았나 봐요. 하하하."

그럴 수 있어요. 세상에 불가능은 없기에 얌전한 아기 강아지가 있을 수 있죠. 그런데 두 가지 중요한 점을 잊으시면 안 돼요. 아이들은 아파도 말을 못 한다는 거. 그리고 아이들을 병원에 데려다줄 수 있는 건 당신뿐이라는 거.

아기 강아지 중에 선천적으로 혹은 유전적으로 이상을 가지고 태어나는 아이들이 있어요. 심장 혈관에 중대한 기형이 있거나(선천 심장병), 콧구멍은 좁고 연구개(입천장 뒤쪽의 연한 부분)가 길어 조금만 흥분해도 호흡이 턱턱 막히거나(단두종 증후군), 혹은 허벅지 뼈 일부에 혈액 공급이 원활하지 못해 뼈가 괴사되는 질환(대퇴골두 허혈성 괴사증) 등이 대표적이죠. 이러한 질환을 가지고 있는 아이들은 뛰어놀고 싶지만 호흡이 너무 가빠져서 혹은 다리가 너무 아파서 어쩔 수 없이 얌전히 있어요. 그런데 이러한 상황을 보호자님은 당연히 알지 못하죠. 아이들은 말을 못 하니까요. 그래서 우린 항상 아이들의 행동을 유심히 지켜볼 필요와 의무가 있어요.

나의 털북숭이 가족이 평소와 다른 점이 있다면 혹은 비슷한 나이의 같은 품종인 아이들과 다른 점이 있다면, 한 번쯤은 의심해 보고 넘어갈 필요가 있어요. 특히나 생명에 지장을 줄 수 있는 '선천 심장병'은 가까운 동물병원에서 간단한 청진만으로도 확인이 가능하니 아직 확인해 본 적이 없다면 이번 기회에 꼭 확인해 보세요.

'단두종 증후군'은 잉글리쉬 불독, 프렌치 불독, 페키니즈, 보스턴 테리어 등의 여러 단두종 강아지들에게 나타날 수 있어요. 콧구멍이 동그란 220v 콘센트 구멍 모양이 아닌 11자 모양의 110v 콘센트 구멍처럼 생겼거나, 조금만 흥분해도 입을 크게 벌리며 캑캑거리고 호흡을 힘들어한다면 단두종 증후군일 확률이 높아요.

많은 통증을 유발하는 '대퇴골두 허혈성 괴사증'은 집에서도 간단히 체크해 볼 수 있어요. 아이가 네 발로 똑바로 선 상태에서 양쪽 뒷다리의 허벅지를 동시에 만져보세요. 1살 미만인 아이에게서 한쪽 뒷다리의 허벅지 근육이 유독 적다면 꼭 병원에 데려가서서 방사선 검사를 해주세요. 한 발 스쿼트(전문 용어로 '피스톨 스쿼트'라고 합니다. 운동 좀 배운 수의사) 달인이 아닌 이상 양쪽 다리 근육이 차이 날 리가 없죠. 단, 고관절 양쪽 모두 이상이 있다면 이런 방법으론 알아차릴 수 없어요.

저는 가끔 진료를 보면서 보호자님과 이런저런 이야기를 나누다 위에서 말씀 드린 것과 같은 뭔가 이상한 점을 알아차리곤 해요. 보호자님은 '일상' 이야기를 하신 건데, 수의사인 제가 듣기엔 '임상 증상'인 거죠. 앞에서 말한 것과 같은 '얌전한 아기 강아지' 특히 '얌전한 어린 리트리버', '점프 안 하는 푸들', '10살 넘어 우다다가 심해진 고양이'. 이건 정말 말이 안 돼요. 이런 경우에는 어딘가 아픈 곳이 있을 가능성이 매우 높아요.

우린 서로 다른 생물로 태어나 지금까지 너무도 다르게 살아왔어요. 서로 다른 언어에 생활 방식, 환경 등 모든 것이 달라요. 앞으로도 그럴 거고요. 같은 인간끼리도 함께 살며 수많은 오해가 있는데 어찌 전혀 다른 품종 간에 오해가 없을 수 있겠어요. 그러니 혹여나 털북숭이의 아픔을 모른 채 지냈다고 자책하지 마세요. 지금 이 글을 읽고 있는 것만으로도 당신은 털북숭이와 더욱 잘 소통하기 위해 노력하고 있다는 뜻이니까요!

그래서 이런 여러 가지 오해들을 수의사의 눈으로 바라보고 여러분들에게 전달하고자 해요. 이 책을 읽고 난 뒤 언제 어디선가 오해를 받고 있는 털북숭이가 있다면! '아! 나 이거 어디서 읽었어! 이건 습관이 아니야, 어디가 아픈 거야!'라고 생각하실 수 있게 되길 바라요. 이를 통해 말 못 하는 우리 털북숭이

가족이 조금이라도 덜 아플 수 있다면 분명 당신도 털북숭이도 더 행복해질 거예요. 저도 마찬가지고요.

그러니 잊지 마세요. '얌전한 아기 강아지'는 없다는 것을.

세상의 모든 털북숭이 가족 여러분과
나의 사랑 혜림, 정우, 서현에게 이 책을 바칩니다.

[차례]

프롤로그

털북숭이 가족과 함께 살아가며 생기는
흔한 오해에 대하여

1장 털북숭이 질병에 대한 오해

그래서 우리 털북숭이는 음식 알레르기예요? 아토피예요?
_ 12

누가 우리 아이 발에 꿀을 발랐을까? _ 18

귀에 물 들어가면 안 돼요, 귓병 생긴대요 _ 24

연고를 바르면 다 핥아먹는데 효과가 있나요? _ 30

우리집 털북숭이 피부는 지성? 건성? 복합성? _ 36

여름에 수술하면 상처 덧나니까 겨울에 할게요! _ 42

심장약 먹으면 콩팥이 망가진대!
절대 안 먹일 거야! _ 47

아이고, 얘가 감기에 걸렸나 보네? 기침이 심하네... _ 51

우리 아이가 방금 구토했는데, 그래도 약 먹여요? _ 57

스케일링을 하는데 왜 전신 마취를 해요? _ 61

우리집 강아지 눈이 하얘졌어요! 백내장인가 봐요! _ 67

이제는 보내줘야 할 때가 된 건가요? _ 74

매일 개껌 주는데
그래도 양치질 해줘야 돼요? _ 78

스테로이드는 쓰지 말아 주세요
간 망가지면 어떡해요? _ 83

털북숭이가 뒷다리를 절어요!
슬개골 탈구 수술을 해야 되나요? _ 88

까만 똥? 빨간 똥? 하얀 똥? _ 95

2장 털북숭이 의식주에 대한 오해

ABC 초콜릿 하나 먹으면 구토시켜야 하나요? _ 102

바닥이 미끄러우면 슬개골 탈구 생긴다면서요? _ 107

우리집 고양이가 강아지 사료를 먹었어요! 어떡하죠? _ 112

첫째가 처방 사료 먹는데 둘째가 같이 먹어도 될까요? _ 117

털북숭이 샴푸 선택 기준, 로켓 배송? 네이버 페이? _ 122

요즘 날이 덥지도 않은데 물을 많이 마시네? _ 126

진짜 조금만 주는데 왜 살이 안 빠져요? _ 131

건식 사료가 좋아요, 습식 사료가 좋아요? _ 136

3장 수의사와 동물병원에 대한 오해

동물병원은 왜 사람 병원처럼
분과가 나눠져 있지 않나요? _ 144

병원 가서 받는 스트레스 vs 아파서 받는 스트레스 _ 149

선생님 저희 방아깨비가 방아를 안 찧어요! _ 154

어머, 선생님이 그렇게 싫어? 안에서 맞았어? _ 158

우리 수의사 선생님은 참 궁금한 게 많으셔... _ 161

우리 아이는 수면 마취로 하나요? 전신 마취로 하나요? _ 167

아니 무슨 개 병원비가 이렇게 비싸? _ 172

예약 시간에 맞춰 왔는데 왜 기다려야 돼요?! _ 176

4장 알아두면 있어 보이는 반려동물 TMI

가수분해 단백질 사료 vs 단일 단백질 사료 _ 184

닭고기에 음식 알레르기가 있으면 계란도 못 먹나요? _ 189

당신, 털북숭이 심폐 소생술은 할 줄 아는가? _ 193

물어보는 사람 거의 없는 예방접종 Q&A _ 199

털북숭이 목욕 방법을 점검해 봅시다!(feat. 꿀팁) _ 204

털북숭이들은 왜 충치가 없을까? _ 209

털북숭이 양치 방법을 점검해 봅시다!(feat. 꿀팁) _ 214

심장사상충이 심장에 사는 줄 알았죠? _ 221

1장

털북숭이 질병에
대한 오해

그래서 우리 털북숭이는
음식 알레르기예요? 아토피예요?

우리 털북숭이들에게 가장 많은 문제를 일으키는 건 바로 '피부병'이에요. 신체를 구성하는 워낙 거대한 기관이기 때문에 그런 것도 있지만 피부는 털북숭이의 몸을 외부 자극으로부터 1차적으로 보호하는 방어 기관이기 때문에 더욱 그렇죠.

그런데 병원을 찾는 털북숭이들 중 이러한 피부병이 계속 반복되는 아이들이 있어요. 피부에 문제가 생겨 치료를 받으면 금방 낫지만, 시간이 얼마 지나지 않아 다시 또 피부병이 발생하죠. 이런 아이들은 대개 기저질환[1] 때문에 피부병이 반복돼요. 그래서 꼭 기저질환을 치료하거나 관리해야 하죠. 그렇지 않으면 지긋지긋하게 반복되는 피부병 때문에 평생 약을 달고 살거나 가려움에 고통받으며 살아가야 해요. 우리의 작은 털북숭이 친구들에겐 너무 가혹한 일이 아닐까 싶어요.

반복되는 피부병의 기저질환으로는 아토피 피부염과 음식 알레르기가 가장

---

[1] 어떤 질병의 원인이나 밑바탕이 되는 질병을 뜻하는 의학 용어

대표적이에요. 이 둘은 서로 비슷한 증상을 보이고 진단이 어렵기에 구분하기가 쉽지 않아요. 게다가 아토피 피부염 환자의 30%는 음식 알레르기도 동시에 가지고 있어 구분 자체가 불가능하기도 해요. 하지만 이를 관리하는 방법에는 큰 차이가 있기 때문에 여러분의 털북숭이가 반복되는 피부병이나 계속되는 가려움증을 호소한다면 아토피 피부염이나 음식 알레르기가 있는지 체크해 봐야 해요.

아토피 피부염과 음식 알레르기는 겉으로는 매우 비슷한 증상을 보여요. 주로 사타구니나 겨드랑이, 귀 등의 피부가 빨개지거나 뜨거워지고 농포나 딱지 같은 것들이 생겨요. 그래서 더욱 둘을 헷갈리게 만들죠. 또한 끊임없이 가려움증을 유발하고 피부를 손상시켜 방어 기능을 떨어지게 하여 세균이나 곰팡이, 기생충과 같은 못된 것들이 활개 치게 내버려 둬요. 약에 대한 반응성은 대체적으로 좋은 편이라 스테로이드 치료를 받으면 빠르게 개선돼요. 하지만 피부에 문제가 생길 때마다 스테로이드를 쓸 순 없어요. 장기적인 사용은 여러 문제를 일으킬 수 있거든요. 또한 스테로이드는 원인을 개선하는 게 아니라 증상만 없애 주는 거예요. 원인이 개선되지 않으니 계속 재발을 하는 거죠.

기저질환을 찾지 못하거나 이 둘을 구분하지 못하여 제대로 된 치료도 못해보고 낫지 않는다고 포기하시는 분들도 많아요. 물론 이런 진단은 수의사 선생님을 통해 받아야 하지만 질병의 특징을 알면 평소 어떤 점을 주의 깊게 살펴봐야 하는지 알 수 있어요. 그리고 이런 주의 깊은 관찰을 통해 얻은 정보는 수의사에게 굉장히 큰 도움이 돼요. 그래서 이를 구분하는 데 조금이나마 도움이 될 만한 정보를 드려볼까 해요.

🫧 첫 번째 차이점, 알레르겐[2]

아토피 피부염은 환경적인 요인 때문에 발생해요. 그래서 집 먼지 진드기, 꽃씨, 고양이 비듬, 곰팡이 등이 몸에 닿는 것만으로도 증상을 일으키죠. 그런데 아이 주변엔 환경적인 요인이 너무 많아서 문제를 일으키는 특정 요인이 무엇인지를 알기가 굉장히 어려워요. 만약 산책을 다녀온 뒤로 알레르기 반응이 나타났다면, 산책길 어디선가 마주친 무수히 많은 이름 모를 풀과 나무, 곤충과 심지어 매연까지 여러 요인 중 도대체 무엇 때문인지 특정할 수가 없죠.

음식 알레르기는 말 그대로 특정 음식을 먹었을 때 증상이 나타나요. 소고기 알레르기가 있다면 소고기 성분을 섭취했을 때 알레르기 증상이 나타나죠. 그래서 아토피 피부염보다는 범인을 찾기가 수월해요. 이를 위해선 털북숭이가 먹는 것에 항상 관심을 갖고 처음 접하는 음식은 한 번에 여러 가지를 제공하지 않는 것이 중요해요. 만약에 가려움증이 생기면 무슨 음식 때문인지 구별하기 어렵기 때문이죠. 새로운 음식을 줄 때는 적어도 2주 정도의 시간을 가지면서 그에 대한 반응을 관찰해야 돼요. 알레르기 반응은 음식을 먹은 뒤 주로 1~2일 후, 길어도 7~10일 내로는 반응이 나타나거든요. 그래서 2주 정도의 시간을 갖고 새로운 음식을 시도하면, 어떤 음식에 알레르기 반응을 보인 것인지 확인할 수 있어요.

🫧 두 번째 차이점, 발생 시기

아토피 피부염은 대개 6개월에서 3살 사이에 주로 시작돼요. 늦게 나타나

---

2) 알레르기를 유발하는 원인 물질

는 아이는 7살 때 시작되기도 합니다. 하지만 음식 알레르기는 나이와 상관없이 언제든지 발생이 가능해요. 그래서 그전까지 피부가 딱히 문제를 일으키지 않았으나 7살이 넘어가며 피부병과 가려움증이 시작된다면 아토피 피부염보다는 음식 알레르기를 먼저 의심해 보아야겠죠.

계절성에도 차이가 있어요. 아토피 피부염은 계절성을 가질 수 있어요. 하지만 음식 알레르기는 계절을 가리지 않죠. 따라서 특정 계절에만 반복적으로 피부 문제가 생긴다면 아토피 피부염일 가능성이 훨씬 높아요.

세 번째 차이점, 피부병이 생기는 위치

두 질환 다 겨드랑이, 사타구니, 발 주변 피부 등에 생기는 건 비슷해요. 피부에 관찰되는 육안적인 변화도 유사하죠. 하지만 항문 주변에 문제가 생기면 아토피 피부염보다는 음식 알레르기가 더 가능성이 높아요.

그리고 음식 알레르기의 경우 10~15%는 소화기 증상도 함께 나타나요. 급작스러운 피부 이상과 함께 구토나 설사가 있거나 배에서 꾸르륵 거리는 소리가 많이 나면 소화기 증상을 동반한 음식 알레르기인지 체크해 볼 필요가 있어요.

마지막 차이점, 발생 품종

아토피 피부염은 특정 품종에서 발생률이 높다는 연구 결과가 있어요. 품종 수가 워낙 많아 다 나열하긴 힘들지만 우리나라에서 쉽게 볼 수 있는 아이들로는 보스턴 테리어, 코커 스패니얼, 래브라도 리트리버, 미니어처 슈나우저, 요크셔 테리어 등이 이에 속하는 호발 품종이에요. 연구 결과에 속하진 않았지만 경험에 비추어 볼 때 요즘 우리나라에서 많이 입양하는 비숑 프리제나 프렌치 불독에서도 아토피가 자주 나타나요. 하지만 음식 알레르기는 호발 품종이 없어서 모든 품종과 나이 및 성별에 고르게 나타나요.

앞에서 말씀드린 네 가지 요인만 가지고 아토피 피부염이나 음식 알레르기가 있다는 것을 정확히 진단할 순 없어요. 아토피 피부염은 그간의 병력과 몇 가지 특정 기준으로 평가한 결과를 토대로 종합적으로 판단해요. 음식 알레르기는 1~2달 정도 철저히 제외 식이[3]를 하고 이후 의심되는 음식 알레르겐을 급여한 뒤 그에 대한 반응을 평가하여 진단이 가능해요.

물론 이 모든 과정은 수의사 선생님의 주도하에 이루어져야겠죠. 하지만 우리 아이가 아토피 피부염이나 음식 알레르기가 의심된다면 위 내용들을 잘 숙지해 두시고 어떤 상황에 어떤 변화가 나타나는지 잘 관찰해 주세요. 관찰 내용을 수의사 선생님과 상담 시 상세히 알려주신다면 더욱 정확한 진단과 치료를 받을 수 있을 거예요.

우리 아이의 변화, 평소와 달라진 점, 치료에 대한 반응 등을 알 수 있는 사람은 보호자님 밖에 없어요. 그러니 관심을 갖고 지켜보아 주세요. 우린 털북숭이들의 가족이기도 하지만 한편으론 '보호자'이니까요.

---

3) 알레르겐을 유발할 수 있는 음식물을 모두 제외하고 한 종류의 사료만 급여하는 것

누가 우리 아이 발에
꿀을 발랐을까?

"찹찹찹"

깊은 밤 잠결에 들리는 왠지 모를 축축한 소리

"찹찹찹"

끊이지 않는 그 소리를 따라 도착한 곳에서,

그 소리의 정체를 알 수 있었다.

그것은,

발사탕을 핥는 털북숭이였다.

동물병원에서 오랜 시간 일하며 수많은 털북숭이들과 보호자분들을 만나
알게 된 점이 있어요. 진심을 다해 아이들을 사랑하지만 안타깝게도 그들의
언어를 잘못 이해하고 계시는 분이 많다는 거예요. 어찌 보면 당연한 이야
기이죠. 사람은 주된 의사 전달 수단으로 음성 언어를 사용하지만 털북숭이

는 신체 언어를 주로 사용하니까요. 게다가 사람과 털북숭이 간의 신체 언어는 서로 완전히 달라요. 이러한 차이점 때문에 우리는 그들의 언어를 오해하기 쉬워요. 그중 특히나 '발을 핥는 행동'에 대해 많은 분들이 오해하고 계셨어요.

시도 때도 없이 발을 핥는 우리의 털북숭이들. 이런 모습에 대개 병원에 방문하신 분들은 이렇게 말씀하세요.

"우리 아이는 발을 핥는 습관이 있어요."
"우리 아이는 심심하면 발을 핥아요."
"산책하다 발바닥에 뭐가 묻었나 봐요. 발바닥을 계속 핥아요."

정말 아이들이 습관적으로 혹은 심심해서 발등 혹은 발바닥을 핥을까요? 우선 털북숭이들은 어떨 때 자신의 몸을 핥을까요? 바로 가렵거나 아플 때예요(고양이 그루밍 빼고!). 그래서 수의 피부학 교과서에 이런 말이 있어요.

'가려움증은 통증(PAIN)이다. Parasites(기생충), Allergy(알레르기), Inflammation(염증), Neoplastic or Neurogenic(종양 혹은 신경 문제).'

가려움증의 원인으로 기생충이나 알레르기 반응, 염증과 종양, 신경 문제 등이 있다는 이야기예요. 실제로 발을 자주 핥는 아이들을 면밀히 살펴보고 생활 및 식습관에 관한 이야기를 들어 보면 대개 발을 핥는 특별한 이유가 있어요. 단순히 습관이나 심심해서가 아니라는 거죠.

🐾 기생충 / 염증

우선 기생충이나 염증의 경우 피부의 변화가 명확해요. 피부에 딱지나 각질이 생기기도 하고 노란 농포가 솟아나기도 하죠. 피부가 빨갛게 변하고 주변에 비해 부어 있거나 털이 쉽게 뽑혀 탈모가 생기기도 해요. 피부의 염증이 오래되면 피부가 두꺼워져 마치 코끼리 피부처럼 변하기도 하고요. 이러한 변화는 주로 발가락 사이 피부나 발바닥 패드(젤리) 사이의 피부에서 나타나요. 그리고 보호자분들이 가장 많이 놓치는 부위는 바로 발톱 주위 피부예요. 발톱 주위 피부는 발톱 뿌리 쪽으로 약간 함몰되어 있어 이 부위에 까만 때와 함께 빨갛게 염증이 생긴 피부가 숨겨져 있는 경우가 많아요.

이 부위를 평소 면밀히 체크하기 위해선 강아지의 경우 소위 '발등을 올리는' 미용이 추천돼요. 전문 용어로 '닭발'이라고 하죠. 발바닥과 발가락 사이 및 발등의 털을 짧게 민 상태를 유지하는 거예요. 이렇게 하면 피부의 작은 변화도 빠르게 알아차릴 수 있고, 치료 시 소독약과 연고를 바르기에도 굉장히 수월해요.

🐾 알레르기

아토피 피부염이나 음식 알레르기는 유독 심하게 핥는 것과 인과 관계가 있어요. 산책을 다녀온 뒤 혹은 특정 계절에 더 심하게 핥거나 닭고기와 같은 특정 음식을 먹은 후 그런 모습을 보인다면 이와 관련되어 있을 가능성이 높겠죠.

주의할 점은 아토피 피부염이나 음식 알레르기는 단독으로 발생하지 않고 세균이나 곰팡이 감염과 동반되는 경우가 많다는 거예요. 단순한 감염인 줄 알고 이를 치료했으나 가려움증이 계속 남아있어 습관으로 오해하기 딱 좋다는 거죠. 따라서 감염을 치료했음에도 불구하고 계속 증상이 남아 있다면 이 부분을 꼭 체크해 봐야 해요.

종양 혹은 신경 문제

"종양은 딱 보면 알 수 있겠죠? 무언가 불룩하게 솟아 있거나 괴상망측하게 생겼을 테니까요."

아니요. 그렇지 않아요. 염증같이 생긴 종양도 있어요. 실제 다른 병원에서 발가락 부위 피부염인 줄 알고 치료받던 아이가 있었어요. 치료를 계속 받아도 점차 악화되어 저희 병원을 찾아오셨고 결국 종양으로 진단되어 항암치료를 했어요. 그래서 단순히 생긴 모양만 보고 진단을 내려서는 안 돼요. 조금이라도 의심된다면 검사를 통해 확인해 보셔야 해요.

신경 문제의 예로는 털북숭이에게 목 디스크가 있을 때 유독 목을 긁는 것을 들 수 있어요. 사실 이걸 가려움증이라고 표현하긴 좀 애매하지만, 보호자분이 보셨을 땐 목 디스크 초기에 계속해서 목을 긁는 증상만 보일 수 있거든요.

간혹 스트레스를 받으면 과도하게 몸을 핥는 아이들도 있어요. 고양이나 진돗개, 아키타, 시바와 같은 동북아시아 출신의 품종에서 자주 나타나는데요. 피부에 아무 이상이 없는데도 한 군데만 집요하게 계속 핥아 댄다면 신경 안정제와 같이 스트레스를 감소시켜줄 수 있는 약을 써볼 수 있어요. 이에 반응하면 과도한 스트레스로 인한 정형행동[4]으로 판단할 수 있겠죠.

정말로 심심해서 혹은 습관으로 신체 일부를 집착적으로 긁거나 핥을 수도 있겠죠. 하지만 이러한 판단은 충분한 관찰과 검사를 통해 다른 이상이 없음을 확인한 후 내릴 수 있어요. 만약 심심해서라면 놀잇감 제공이나 산책을 통해 교정할 수 있을 거예요. 습관이라면 교육을 해서 고쳐 주어야겠죠.

하지만 감염이나 염증, 종양과 같은 질병으로 인한 가려움증이라면 그에 맞는 올바른 치료를 해야 돼요. 그래야만 털북숭이가 가려움이라는 통증에서 벗어날 수 있어요. 이 과정에서 보호자분이 해주셔야 하는 가장 중요한 것은 바로 꾸준한 관찰을 통해 이상 행동을 빠르게 찾아내는 게 아닐까 싶어요. 진료 중 피부의 이상을 관찰하고 이 부위를 혹시 자주 긁거나 핥았는지 여쭤보았을 때 '아니요'라는 대답보단 '잘 모르겠어요'라는 대답을 더 자주 들어요. 증상의 유무는 치료 방법을 결정하는 중요한 요소이기 때문에 보호자분의 확신이 필요해요.

평소 아이들이 하는 행동을 주의 깊게 살펴보는 습관을 가져보세요. '내 몸이 너무 불편하니 이것 좀 해결해 주세요!'라는 절실한 신체 언어, 즉 바디랭귀지를 빨리 알아차리는 건 전적으로 보호자분께 달려있어요. 그들의 언어를 올바르게 해석할 수 있도록 우리 같이 노력해 보아요. 이것이야말로 조금 더 높은 차원의 사랑 표현이 아닐까요?

---

4) 스트레스로 인해 의미 없는 행동을 계속 반복하는 것

귀에 물 들어가면 안 돼요,
귓병 생긴대요

강아지와 함께 살면서 가장 지긋지긋한 질환이 무엇일까요? 아마도 귓병이 아닐까 싶어요. 고양이는 귓병이 흔하지 않아요. 간혹 어린 고양이가 귀 진드기에 감염되어 오는 경우는 있지만 대부분 성묘가 되어서는 귓병을 잘 앓지 않아요. 연골 이상으로 귀가 선천적으로 닫혀있는 폴드 아이들과 폴립이라는 종괴가 자라나는 경우를 제외하곤 귓병이 잘 없죠. 하지만 강아지는 달라요. 많은 아이들이 지긋지긋한 귓병에 시달리고 있어요.

미국의 한 동물 보험회사의 자료에 따르면 강아지에서 가장 청구가 많은 질환이 바로 귓병이라고 해요(고양이에선 귓병이 8번째라고 합니다). 이렇게 귓병이 많은 이유가 도대체 뭘까요? 그리고 얘네는 왜 한 번 생기면 금세 또 재발하는 걸까요?

우리가 편의상 귓병이라 부르는 질환은 대개 외이도염을 의미해요. 외이도는 귓구멍에서부터 고막까지의 긴 터널인데 여기에 염증이 생기는 것을 우리는 외이도염이라고 하죠.

외이도염이 생기는 이유는 다양해요. 음식 알레르기, 아토피, 지루 피부염, 기생충, 이물질(주로 풀씨), 접촉성 피부염 등 여러 이유로 귀에 염증이 생겨요. 그런데 이렇게 귀에 염증이 생기면 외이도 내부의 환경이 변하고 정상적인 방어 체계가 작동하지 않아요. 그로 인해 세균이나 곰팡이 감염이 추가적으로 발생하죠. 이런 걸 이차 감염이라고 해요. 즉 어디선가 나쁜 세균이나 곰팡이가 귀로 들어가서 귓병이 생기는 게 아니에요. 기생충을 제외한 다른 감염은 어디까지나 이차적인 문제예요.

외이도에는 평소에도 여러 세균과 곰팡이들이 평화롭고 소소하게 살고 있어요. 그러다 귀에 염증이 생기거나 습하고 따뜻한 환경으로 바뀌면 세균과 곰팡이가 무럭무럭 자라나게 되죠. 이로 인해 귀가 가렵거나 붓고 귀지가 증가하는 변화가 나타나요. 간혹 외부에서 옮겨와서 감염되는 세균들도 있어요. 아마도 염증이 생겨 발로 귀를 긁다가 세균이 전파되는 게 아닐까 싶어요. 하지만 이 세균들도 정상적인 귀에서는 문제를 일으키지 않아요. 다른 일차적인 원인으로 귀 상태가 불량할 경우에 문제를 심화시키는 거죠.

문제는 귓병을 가장 많이 유발하는 원인이 대개 평생 달고 살아가는 질병이라는 거예요. 음식 알레르기, 아토피, 지루 피부염 등 하나같이 평생 관리해야 하는 질병들이다 보니 조금만 관리가 안 돼도 금방 외이도염과 감염이 재발하는 거죠. 그래서 엄밀히 얘기하자면 귓병이 지긋지긋한 게 아니라 아토피, 알레르기, 지루 피부염 등이 지긋지긋한 거예요.

그래서 귓병을 치료할 때 감염 치료와 함께 빼먹지 말아야 하는 것이 바로 원인 발생 요인을 제거 혹은 치료하는 거예요. 만약 기생충이 있다면 구충제를 쓰고, 이물질이 들어갔다면 이물질을 제거해 주어야죠. 외이도 어딘가의 종괴로 인해 귓구멍이 막혔다면 그 종괴를 제거해야 공기가 순환되고 귀지가 배출되어 귓병을 막아줄 거예요. 마찬가지로 음식 알레르기가 있다면 이를 관리하고, 아토피가 있다면 치료해야죠. 하지만 이 과정이 쉽지 않기에 빈번한 재발이 일어나요.

귀가 안 좋을 때는 당연히 동물병원에서 치료를 받아야겠죠. 하지만 앞에서 말씀드린 대로 원발 요인이 쉽게 치료되지 않기 때문에 금세 재발하기 쉬워요. 그렇다면 귓병이 다시 재발하기 전에 집에서 관리할 수 있는 방법은 무엇이 있을까요?

우선 귀가 습하지 않고 환기가 잘 되게 해주세요. 귀가 길어서 덮여있는 아이들은 스누드나 고무줄을 이용하여 귀를 열어두시면 좋아요. 주의하실 점은 고무줄을 사용할 때 절대 귀 끝이 함께 묶이지 않도록 신경 써야 한다는 거예요. 종종 귀 끝이 고무줄에 묶여 괴사되어 오는 아이들이 있어요. 고무줄로 묶기 전후에 꼭 귀 끝이 함께 묶이지 않았는지 확인해 주셔야 해요. 그리고 수영을 하거나 목욕을 한 뒤엔 귀를 말려주시는 게 좋아요.

외이도나 귓구멍 입구에 털이 너무 많이 자라나는 아이들은 털을 정리해 주세요. 이건 수의사마다 의견이 다른데 저는 귓병이 있으면 치료할 때 외이도 내부의 털을 정리해 주는 편이에요. 아무래도 귀털이 있으면 외이도가 잘 마르지도 않고 귀지가 털에 덕지덕지 엉켜있어 아무리 씻어내도 귀지가 많이 남아 있거든요. 그래서 치료받는 아이들 이외에도 귓병이 자주 반복되는 아이들은 평소에도 귀털을 정리해 주어요. 하지만 간혹 귀털을 뽑는 걸 매우 아파하는 아이들이 있어요. 뽑고 난 뒤 귀를 심하게 긁거나 털기도 하고요. 그러니 귓병 유무와 아이의 반응에 따라 귀털 정리 여부를 결정해야 돼요.

마지막으로 가장 중요한 건 평소에 귀를 세척해 주는 거예요. 단순히 화장 솜이나 티슈로 귀 겉을 닦아내지만 말고 외이도 내부의 귀지를 제거해 주세요. 그런데 이를 위해 면봉으로 귀지를 파내는 분들이 계세요. 털북숭이 귀 청소는 그렇게 하는 게 아니에요! 병원에서 검이경으로 외이도 내부를 확인해 보면 고막 근처에만 유독 귀지가 꽉 차있는 아이들이 있어요. 이런 아이들은 대개 집에서 면봉으로 귀 청소를 받는 경우가 많아요. 털북숭이들은 사람에 비해 귀가 훨씬 깊고 'ㄴ'자로 꺾여있기 때문에 면봉을 사용하면 오히려 귀지를 안으로 밀어 넣는 경우가 많아요. 그러니 귀 청소할 땐 면봉을 쓰지 마시고 세정제를 귀에 흘려 넣어 주세요. 세정제를 충분히 흘려 넣은 뒤 귀 외이도의 연골을 마사지하여 내부에 있는 귀지들을 빼내는 방식이 훨씬 효과적이에요. 외이도를 마사지하기 힘들다면 그냥 액체를 넣기만 해주세요. 털북숭이들은 귀에 액체가 있으면 귀를 털어서 빼내기 때문에 자연스럽게 귀지의 일부가 빠져나올 거예요. 흘러나온 귀지와 귀 세정제만 부드럽게 닦아주고 나머지는 자연 건조 혹은 드라이기 바람으로 말려주세요.

이러한 귀 세척은 굉장히 장점이 많아요. 귀지에 있는 세균들이 내뿜는 독성 물질도 제거해 주고, 세균이나 곰팡이의 개체 수도 줄여주죠. 그리고 귀지로 인해 일부 약 성분의 효과가 떨어지기도 하는데, 귀지를 제거하여 약효과가 충분히 발휘되게 해주어요. 게다가 만성적인 외이염이 있는 경우 귀의 정상적인 정화 작용이 작동하지 않을 수 있어요. 귀는 한쪽 끝이 막힌 동굴 같은 구조라 이를 보호하기 위해 고막 주위에서 귀 바깥으로 상피 세포[5]가 이동하면서 귀지를 밀어내요. 일종의 자연산 컨베이어 벨트가 설치되어 있는 셈이죠. 그런데 외이도의 염증이 만성화될 경우 이 컨베이어 벨트가

---

5) 피부 가장 바깥층에 존재하는 세포

고장 나요. 이로 인해 계속 귀지가 외이도 내부에 쌓이는 상황이 벌어지죠. 이럴 경우 귀 세척 말고는 내부에 쌓이는 귀지를 없애줄 방법이 없어요. 그래서 귀가 안 좋은 아이들일수록 귀 세척이 꼭 필요해요.

귀 세척을 할 때에는 되도록이면 강아지 전용 귀 세정제를 써주세요. 귀 세정제엔 대개 감염을 예방하기 위한 성분들과 알코올이 들어가 있어 일반 물보다 훨씬 빨리 마르고 감염도 일부 예방해 주어요. 그래서 목욕이나 수영을 한 후에도 물에 젖은 귓속을 무작정 드라이기로 말리기보단 귀 세정제로 씻어낸 뒤 말리는 게 더 좋아요. 심한 감염성 외이염을 가지고 있는 아이들도 약을 사용하지 않고 전용 귀 세정제로 귀 세척을 하루 두 번씩 2주만 해도 대부분 나았다는 연구 결과가 있어요. 그만큼 귀 세정의 힘은 대단하죠. 그래서 외이염이 자주 재발하는 아이들에게 귀에 물이 들어가면 안 된다는 이유로 화장솜에 물을 살짝 묻혀서 겉에만 닦는 식으로 관리해선 안 돼요. 귀 내부에 쌓인 귀지와 거기에서 자라난 세균, 곰팡이들을 적극적인 자세로 제거해 주어야 해요.

하지만 이런 귀 세척은 집에서는 당연히 어려울 수 있어요. 귀 청소를 피해 도망가고 숨고 물려고 할 수도 있어요. 특히나 염증이 심할 땐 귀를 건드리면 많이 아파하거든요. 그럴 땐 정기적으로 귀 청소를 받으러 동물병원을 방문해 보는 것도 좋을 거 같아요. 한 달에 한 번 혹은 귀지가 늘어나거나 날씨가 습해질 때, 또는 수영장을 다녀온 뒤엔 병원에 잠시 들러 보세요. 귓속을 체크하고 청소를 해주는 것만으로도 외이염 발병 횟수를 줄일 수 있고, 귓병이 생긴다 하더라도 치료 기간이 훨씬 짧아져요.

지금껏 평생을 귓병 없이 잘 지내온 털북숭이는 정말 효자 효녀예요. 그래도 언제 갑자기 외이염이 생길지 모르니 항상 주의 깊게 관찰해 주세요. 평소보다 자주 귀를 긁거나 머리를 흔들고, 귀에서 평소 안 나던 불쾌한 냄새가 나고, 귓구멍 주변에 귀지가 잔뜩 묻어있거나 피부가 빨갛게 부어올라 있다면! 수의사 선생님과 인사할 시간이에요.

수의사의 TIP

귀 청소를 위해 귀 세정제를 추천해달라는 분들이 많으세요. 요즘 워낙 많은 종류의 귀 세정제가 나오다 보니 선택이 힘들죠. 그런데 귀 상태에 따라 추천해 줄 수 있는 귀 세정제가 달라서 아이 상태를 알아야 좀 더 적합한 추천이 가능해요.

평소 귓병이 없는 아이들은 사실 어떤 제품을 써도 상관없어요. 자극 없이 순한 제품이면 다 괜찮아요. 그런데 감염이 잦다면 곰팡이냐 세균이냐에 따라 처방용 귀 세정제를 쓰는 게 좋아요. 감염 없이 단순히 귀지만 많이 생기는 아이라면 귀지를 잘 녹여주는 제품을 써주세요. 여러 종류의 귀 세정제를 써보았는데 거품이 나는 형태가 확실히 깊숙이 쌓인 귀지도 잘 빼주는 거 같아요. 대신 저는 거품이 남는 게 찝찝해서 귀지를 다 제거한 뒤에는 거품이 나지 않는 순한 제품으로 씻어주고 있어요. 조금 번거로울 순 있지만 왠지 모를 찝찝함을 남기는 것보단 낫겠죠?

귀 세척의 빈도는 귀지 생성 정도에 따라 달라요. 귓병이 잘 안 생기는 아이라면 목욕 후에 겉에만 가볍게 닦아 주셔도 돼요. 하지만 귓병이 잦고 귀지가 많이 생기는 아이라면 일주일에 한 번씩은 해주시는 게 좋아요. 귀 세척을 할수록 귀지 양이 감소한다면 기간을 점차 늘려주세요. 하지만 장마철처럼 날씨가 덥고 습할 때엔 귀 청소 횟수를 다시 늘려주시는 게 좋아요. 저희 수의사들은 장마철을 이렇게 불러요. '귓병의 계절'이라고...

연고를 바르면 다 핥아먹는데 효과가 있나요?

털북숭이에게 피부병이나 눈병이 있어 동물병원에 가면 연고나 안약을 처방받을 때가 있죠. 그런데 털북숭이들은 피부병이 있는 곳에 연고를 발랐다 하면 일단 혀로 열심히 닦아내요. 안약을 넣어주면 넣자마자 한 방울 또르르 흘러나와버리고요. 과연 이러면 효과가 있나 싶어 다시 바르거나 한 방울 더 넣죠. 하지만 그래도 마찬가지, 도대체 어떻게 해야 할까요?

우리가 동물병원에서 처방받아 아이 몸에 바르는 것을 흔히 연고라고 부르는데 사실은 크림, 로션, 연고 등 여러 종류로 나뉘어요. 이들은 오일과 물의 구성비와 사용된 오일의 녹는점이 서로 달라요. 그래서 바르고 난 뒤 수분이 증발하면 남는 느낌이 다르죠. 털북숭이들은 털이 북숭하다보니 오일 성분이 많은 연고를 바르고 나면 털이 엄청 뭉쳐요. 소위 떡진다고 하죠. 그래서 오일 성분이 적은 크림을 쓰면 덜 뭉쳐서 적용하기 수월해요. 이러한 크림이나 연고의 일반적인 적용 방법은 비슷하기에 편의상 연고로 통일해서 지칭하도록 할게요.

털북숭이들에게 연고를 바르면 대부분 바로 핥아버려요. 그래서 심장사상충이나 외부기생충 예방을 위해 바르는 약은 목뒤에 바르죠. 목뒤는 핥을 수 없으니까요. 하지만 피부병이 목뒤에만 생기지 않으니 여길 제외한 대부분의 부위는 연고를 바르고 나면 아이들이 핥을 수 있어요.

피부병 부위를 소독하거나 연고를 바른 뒤 핥으면 어떻게 될까요? 우선 피부병이나 상처를 핥는 행동 자체가 좋지 않아요. 어렸을 때 동물에 관련된 다큐멘터리에서 이런 장면을 본 적 있어요. 육식 동물에게 쫓기다 다친 가젤이 열심히 상처를 핥고 있으니 감미로운 목소리의 내레이션이 흘러나왔죠 '이렇게 열심히 핥는 가젤의 침엔 상처를 소독해 주는 성분이 들어있어 감염으로부터 가젤을 보호해 줍니다. 이 또한 자연의 위대함이겠죠' 뭔가 이런 식의 내용이었던 거 같아요. 실제 침에는 일부 항균 작용을 하는 물질이 들어있어요. 그런데 그와 함께 수많은 세균도 들어있죠. 동물병원을 찾아갈 수 없는 야생동물은 어쩔 수 없이 핥기라도 해야겠지만, 우리의 털북숭이는 상처를 핥는 걸 내버려 두면 안 돼요. 오히려 상처를 덧나게 하거나 감염시킬 수 있거든요.

게다가 소독약이나 연고가 작용할 시간도 주지 않고 바로 핥아버리면 효과를 볼 수 없어 치료가 늦어지겠죠. 그래서 연고를 바르면 일정 시간 동안 핥지 못하도록 유지시켜줄 필요가 있어요. 15분! 물론 연고마다 차이는 있겠지만 대부분의 연고는 바른 뒤 15분의 시간이 지나면 필요한 성분들은 흡수가 돼요. 그러니 연고를 바른 뒤 털북숭이들이 핥으려고 하면 15분 정도만 잠시 관심을 다른 곳으로 끌어주세요. 산책을 나가거나 간식을 주셔도 괜찮아요. 잠깐 놀이를 해도 괜찮고요. 하다못해 넥카라(엘리자베스 카라)라도 씌워주세요. 15분이 지나면 아이들도 연고의 이물감에 적응하여 덜 핥으려고 할 거예요. 여기서 주의해야 할 점은 바로 연고를 바르는 양이에요. 연고는 상처 부위에 얇게 펴 바르는 것이 원칙이에요. 간혹 화가 반 고흐의 작품처럼 연고로 입체감을 표현해 주시는 분들이 계세요. 반 고흐의 작품처럼 관리하지 않는 이상 그 연고는 다른 곳에 다 묻어나게 될 거예요. 그리고 많이 바른다고 빨리 낫는 것도 아니고요. 그러니 수의사 선생님이 두껍게 바르라고 하지 않는 이상, 연고는 얇게 펴 발라주세요. 그리고 가능하다면 계속 넥카라를 씌워주세요. 꾀가 많은 아이들은 보호자분 앞에서는 안 핥다가 밤에 보호자분이 잠들거나 외출한 후에 느긋하게 앉아 '찹찹찹' 핥기도 해요. 그러니 아이가 너무 스트레스 받아하지 않는다면 피부병이 나을 때까진 넥카라를 씌워주시는 게 좋아요. 만약 뒷발로 긁는다면? 소독약이나 연고를 바른 뒤 옷을 입혀주세요. 여러 세균이 묻어있는 발톱으로 피부병 부위를 긁는 것보단 옷으로 덮어두는 게 훨씬 도움이 될 거예요.

자 그럼 안약은 어떨까요?

> "안약을 한 방울 넣을 때 통장에 월급이 들어오는 느낌이에요.
> 들어오자마자 바로 빠져나가버리죠."

안약 한 방울을 눈에 넣자마자 주르륵 바로 흘러나와 버려요. 이럴 때 역시 의문이 들죠. 이거 과연 효과가 있는 걸까? 두세 방울 더 넣어도 마찬가지예요. 안약은 눈을 그저 스쳐 지나가는 걸로 보일 뿐이죠.

우선 안약은 한 번에 한 방울만 넣는 거예요. 안약을 넣으면 대부분 빠져나가고 일부만 내안각[6] 쪽의 작은 공간에 남아있게 돼요. 원래 그런 거예요. 그래서 한 방울 넣으나 열 방울 넣으나 결국 눈에 남는 약물의 양은 같기 때문에 안약은 한쪽 눈에 한 방울씩만 넣어주셔도 충분해요. 이렇게 눈에 일부 남은 안약은 그마저도 5분 뒤면 대부분 눈에서 사라지게 돼요. 눈 주변에 위치한 눈물샘에서 끊임없이 눈물을 흘려보내고 이 눈물들은 비루관[7]을 통해서 빠져나가요. 그래서 눈에 일부 남은 안약도 시간이 지남에 따라 눈물에 희석되어 비루관을 통해 빠져나가죠.

이러한 점을 고려하여 여러 종류의 안약을 넣어야 할 땐 적어도 5분에서 10분 이상의 간격을 두고 넣어야 해요. 예를 들어 A, B 두 안약을 처방받았다면 먼저 A 안약을 한 방울 넣은 뒤 10분 후에 B 안약을 넣어야 하죠. 급하다고 A 넣고 바로 B를 넣으면 A 안약은 흡수될 시간을 갖지 못한 채 다 흘러나와버릴 거예요. 그러니 바쁘시더라도 시간 간격은 지켜주시는 게 좋아요.
간혹 초소형견의 경우 내안각 부위 공간이 거의 없는 경우가 있어요. 이럴 땐 아이의 고개를 위로 들어서 눈 표면이 땅과 수평이 되게 해주세요. 그다음 내안각 부위에 안약을 떨어트리고 비루관이 지나가는 곳을 지그시 눌러주세요. 비루관을 막아버려서 안약이 조금 더 오래 눈에 머물 수 있도록 도와주는 방법이에요. 이렇게 해서 5분 정도 유지해 주시면 좋겠지만 아이가 많이 힘들어할 테니 잠시만이라도 유지해 주세요.

또 하나의 팁은 아이가 안약을 넣는 것을 두려워할 때 그냥 눈을 감기고 안약을 넣어주세요. 마찬가지로 눈 표면이 땅과 수평이 되도록 고개를 약간

---

6) 위아래 눈꺼풀 사이 안쪽의 모퉁이로 보통 눈곱이 가장 많이 끼는 곳

7) 눈에서 코로 통하는 얇은 관

들어준 뒤 눈에 손가락을 살짝 올려보세요. 아이는 반사적으로 눈을 감고 있을 거예요. 그때 내안각 부위에 안약을 한 방울 떨어트리고 손가락을 떼면 눈을 뜨면서 자연스레 안약이 눈에 들어가게 돼요. 눈앞에 낯선 물체가 왔다 갔다 하는 것에 대한 공포를 없애줄 수 있어서 겁 많은 아이들에겐 이런 방법이 도움이 될 수 있어요.

피부나 눈에 문제가 있을 때 이를 치료할 수 있는 방법은 여러 가지예요. 주사를 맞거나 내복약을 먹여도 되고 피부 연고나 안약을 써도 되죠. 주사나 내복약은 약물이 온몸에 퍼지면서 아픈 곳에 전달되는 형식이라 연고나 안약에 비해 다른 장기로의 영향이 있을 수밖에 없어요. 즉 부작용이 생길 수 있다는 거죠. 하지만 연고나 안약은 해당 부위에만 적용되기에 전신 부작용이 거의 없어요.

하지만 올바른 적용 방법을 지키지 않는다면 제대로 된 치료 반응을 기대하기 어려워요. 또한 피부병의 경우 연고만으로는 다른 곳에 병이 퍼지는 것을 막아주지 못하죠. 게다가 피부병이 온몸에 퍼져있고 털이 많은 경우 모든 병소에 연고를 발라주기도 어려워요. 그래서 수의사들은 이런 전신 치료제(주사, 내복약)와 국소 치료제(연고, 안약 등)를 질병의 상태와 환자의 성향, 보호자분의 스케줄 등을 고려해서 처방해요. 아무리 노력해도 털북숭이의 거부로 연고나 안약을 넣기 힘들다면 차라리 주사나 약을 먹이는 것도 괜찮아요. 치료 과정상 어려움이 있다면 얼마든지 수의사 선생님께 도움을 청해보세요. 털북숭이를 위한 다른 방법의 치료를 권해주실 거예요.

우리집 털북숭이 피부는
지성? 건성? 복합성?

여러분들은 본인이 쓰는 화장품을 선택할 때 어떤 기준으로 고르시나요? 브랜드나 판매처에 따라 다르겠지만 건성, 지성, 복합성 그리고 중성 이 네 가지 타입으로 피부를 구분하여 그에 맞는 제품을 권하는 모습을 보셨을 거예요. 이처럼 피부의 특성에 따라 나누어서 화장품을 사용하는 이유는 각 타입에 따른 피부의 단점을 개선하기 위함이죠. 건성 피부를 가진 사람은 충분한 수분과 유분을 공급해 주어야 피부가 건조해서 각질이 발생하는 것을 막아줄 수 있어요. 반대로 지성 피부인 사람은 유분을 잘 관리해 주어야 번들거림을 막고 여드름과 같은 피부 트러블을 예방할 수 있겠죠.

동물에서도 이처럼 분류가 가능해요. 피부의 수분과 유분의 정도에 따라 피모 타입을 나누어요. 수분이 부족하면 건성, 유분이 많으면 지성, 수분이 적고 유분이 많으면 복합성, 그리고 수분과 유분이 균형있게 유지되면 중성으로요.

그런데 주의할 게 있어요! 만약 평소 머리에 비듬이 없던 사람이 어느 순간부터 머리가 가려우면서 비듬이 생겨나기 시작했다면 어떤 생각을 할까요?

'나의 두피가 지성에서 건성으로 바뀌었나?'라는 생각보다는 피부병이 생겼는지를 의심하게 될 거예요. 털북숭이들에게도 마찬가지예요. 피부 상태가 평소와는 확연히 달라진 게 보인다면 피부 타입의 변화보다는 질병으로 인식해야 돼요. 평소와 달리 몸을 털고 나면 온 사방에 하얀 눈꽃 가루(각질)가 떨어진다거나, 강아지 비린내가 없던 아이가 심한 악취를 풍긴다면! 평소 밤낮 없는 그루밍으로 모질 관리를 하던 고양이가 어느 순간부터 그루밍을 멈추고 털이 푸석푸석 엉킨다면? 무언가 질병으로 인한 변화일 가능성이 훨씬 높아요. 이 점에 주의하면서 집에서 간단히 '촉각', '후각', '시각' 그리고 '품종'을 활용하여 털북숭이의 피부를 구분하는 방법을 알려드릴게요.

지성

- 아이의 몸을 네다섯 번 정도 쓰다듬은 뒤 손가락을 비비면 기름기가 많이 느껴져요. 마치 때가 나올 거 같은 느낌이에요.
- 씻은지 하루 이틀 지나면 다시 몸에서 꼬순내(강아지 비린내)가 나기 시작해요. 습하고 더운 여름이 되면 그 냄새는 더욱 심해져요.
- 정말 심한 아이들의 경우 사람의 떡진 머리처럼 털들이 매우 기름지고 뭉쳐있어요. 피부가 접히는 곳(목, 사타구니, 생식기 주변, 팔꿈치 접히는 부분 등)의 피부가 두꺼워지고 탈모가 생겨 마치 코끼리 피부처럼 변하기도 해요.
- 강아지 품종 : 시츄, 코커 스패니얼, 요크셔 테리어, 일부 푸들 등
- 고양이 품종 : 페르시안, 히말라얀

건성

- 몇 주 안 씻겨도 아이를 만졌을 때 딱히 느껴지는 변화가 없어요.
- 눈물 냄새나 발바닥 꼬순내를 제외하곤 몸에서 나는 냄새가 거의 없어요.
- 비듬처럼 생긴 하얀 각질이 자주 보여요. 건조한 겨울이 되거나 스트레스를 받으면 각질이 더욱 뿜어져 나와요.
- 강아지 품종 : 말티즈, 비숑 프리제, 푸들 등
- 고양이 품종 : 대다수의 고양이

복합성

- 지성과 건성의 두 가지 특성을 모두 가지고 있어요. 목과 겨드랑이, 배와 사타구니 부위는 주로 지성 피부의 특성이 강하고 등은 건성 피부의 특성이 강해요.
- 강아지 품종 : 주로 굵고 짧은 털을 가진 아이들로 닥스훈트, 진도, 시바, 미니핀, 프렌치 불독, 보스턴 테리어 등

중성

- 위에 나열된 피부 타입에 속하지 않아요.

우리집 털북숭이의 피부 타입을 확인했다면 그에 맞춰 관리를 해야겠죠?

지성 피부는 피부에서 피지의 분비가 왕성하게 나타나는 것이 특징이에요. 이러한 피지 분비물을 세균이나 곰팡이가 좋아하기에 쉽게 피부 감염이 발생해요. 평소보다 더 심한 냄새가 나거나 피부에 딱지나 농포가 생기고 가려움증이 심해진다면 감염을 확인해 보아야 해요. 기름기를 잘 없애주는 샴푸를 사용하여 주 1~2회, 심하면 더 자주 목욕을 시켜주시는 게 좋아요. 만약 피부 감염이 있어 약용 샴푸를 쓴다면 지나친 피지로 약용 성분이 제대로 전달되지 않을 수 있어 먼저 일반 샴푸로 피모의 기름기를 제거한 후 약용 샴푸를 쓰는 것이 좋아요. 보습제는 유분보다는 수분이 많은 제품을 쓰는 게 좋겠죠? 이러한 지성 피부 아이들 중 코끼리 같은 피부를 지닌 아이들이 있어요. 피부 감염이 오랜 시간 방치되어 털이 빠지고 피부가 두꺼워져서 나타난 변화이죠. 이런 변화가 생기면 해당 부위에 면역 기능이 떨어지고 약물 전달 능력도 감소해요. 다시 정상으로 돌리기 위해선 많은 노력과 시간이 필요하기에 이런 변화가 나타나기 전 미리미리 대비하는 것이 중요해요.

건성 피부는 피부의 유분이 부족하여 수분이 쉽게 증발하는 특징을 가지고 있어요. 적당량의 유분은 피부층의 수분이 날아가는 것을 막아주는데 유분이 부족하면 피부를 통한 수분 증발이 과하게 발생해요. 그래서 피부가 수분을 충분히 머금을 수 있게 도와주고 오일 성분의 보습제로 수분의 증발을 막아주는 것이 중요해요. 1~2주에 1회 씻기되 샴푸 거품 마사지나 세척 시간을 충분히 길게 하여 피부가 수분을 흠뻑 머금을 수 있게 해주세요. 보습제를 사용한다면 적당량의 유분을 함유한 제품이 좋아요. 건성 피부인 아이들의 각질이 유독 심해진다면 첫 번째로 의심해 보아야 할 건 바로 습도예요. 주변 습도가 너무 낮아지는 경우 각질이 심하게 일어날 수 있어요. 두 번째는 바로 피부 감염이에요. 세균이나 곰팡이 감염이 있을 경우 각질이 심해질 수 있어요. 그러니 각질이 심해진다고 보습제만 계속 사용하지 말고 수의사 선생님께 진료를 받아보는 게 좋아요.

복합성 피부는 관리하기가 어려워요. 기름기를 너무 많이 제거하면 각질이 심해지고, 기름기를 충분히 제거하지 못하면 지성 피부가 악화되거든요. 그래서 너무 한쪽 성향이 강한 제품을 피하여 사용하되 주 1~2회 씻기는 것을 추천드려요.

털북숭이의 피부 타입은 나이, 환경, 질병 상태 등에 따라 수시로 변해요. 그러니 상황에 맞춰 관리 방법을 조절해가야 하죠. 이를 위해 우선시되어야 하는 것은 바로 피부의 변화를 관찰하는 거예요. 평소 건성 피부였는데 어느새 지성으로 변했다면? 혹은 원래 지성이기는 했으나 어느 시점부터 기름기와 냄새가 더 심해졌다면? 바로 수의사 선생님과 상담을 해보는 게 좋아요. 단순한 피부 감염일 수도 있지만 알레르기 반응이나 호르몬 질환 혹은 영양 결핍 때문일 수 있기 때문이죠.

지성이나 건성으로 타고난 피부를 철저히 관리한다 해서 중성으로 바꿀 수는 없어요. 그러니 '전설 속의 완벽한 피모'를 목표로 잡지 마시고, 아이의 불편함을 개선하고 다른 문제가 더 생기지 않게 '잘 관리된 피모'를 목표로 해보는 게 어떨까요? 건성은 충분한 수분 공급을, 지성은 피지 분비 조절과 감염 예방을, 복합성은 건성과 지성 사이 균형 잡기를!

아, 그리고 마지막으로 주의할 점은! 절대 품종만 가지고 판단해서는 안 돼요. 대략적으로 이런 품종들이 이러한 피부 타입이 많다는 것을 말씀드린 것이지, 해당 품종 전체가 하나의 피부 타입에 속한다는 뜻이 아니에요. 그렇기 때문에 꼭 다른 특성들도 함께 고려해서 판단해야 돼요. 그리고 고양이의 경우 그루밍을 잘하냐 못하냐에 따라서도 털의 상태가 많이 좌우되기에 그루밍 습관도 함께 고려해야 하죠.

수의사의 TIP

위의 피부 표현 방식은 여러분의 이해를 돕기 위해 쉽게 풀어서 쓴 거예요. 그러니 여러분의 주치의 선생님께선 다른 표현 방식이나 기준으로 나누고 계실 수도 있어요! 참고로 전문 용어를 쓰자면 '지성 = 유성 지루(Seborrhea oleosa)', '건성 = 건성 지루(Seborrhea sicca)' 입니다.

사람의 피부 타입을 네 가지로 나누는 방법은 한 화장품 회사에서 시작한 거라고 해요. 하지만 워낙 오래전에 도입된 개념이라 과학적 근거가 부족하고 세분화되어 있지 않아요. 그래서 이를 보완하기 위해 한 피부과 전문의가 16가지 피부 타입으로 나누는 방식을 제안하였고 현재 일부 피부과나 화장품 업체에서 이 방식을 쓰고 있어요.

그런데 강아지에게선 이 16가지 타입의 방식을 그대로 적용할 수가 없어요. 모든 피부가 털에 덮여있다 보니 육안으로만 명확히 평가하기 어렵거든요. 게다가 16가지 방식의 경우 MBTI 검사처럼 설문에 주관적으로 답하여 나온 점수를 기준으로 피부 타입을 나누는 방식이라 털북숭이에게선 정확도가 떨어질 수밖에 없어요.

여름에 수술하면 상처 덧나니까
겨울에 할게요!

진료를 보다 보면 수술이 꼭 필요한 순간들이 있어요. 수술의 이유는 당연히 털북숭이의 고통을 덜어주고 삶의 질을 올리며 수명을 연장시키기 위해서죠. 이러한 목적을 200% 달성하기 위해서 수의사들은 수술과 관련된 여러 가지 사항들을 고민하여 결정해요. 강아지인지 고양이인지부터 시작하여 품종, 나이, 기저질환의 유무, 수술 부위와 예상 수술 시간 등 다양한 항목을 고려하죠. 이를 바탕으로 마취 전 검사는 무엇을 할지, 마취 전후에 어떤 약물을 쓸 건지, 어떤 종류의 마취제를 쓰고 수술은 어떤 방식으로 진행할 건지 등 수많은 것들을 결정해요.

털북숭이의 가족분들도 여러 가지를 신경쓰며 고민해요. 수술 전에 따로 준비할 건 없는지 확인하고, 입원 기간 동안에 아이에게 필요한 것들을 챙겨요. 수술에 들어가면 마음 졸이며 무사히 잘 끝나길 바라고 수술이 끝난 뒤엔 아이가 입원장 안에서 너무 힘들어하지 않고 밥 잘 먹으며 지내길 바라죠. 면회하면서 반갑게 꼬리치는 아이의 모습에 마음이 놓이다가도 면회가 끝나고 다시 입원장으로 향하는 아이의 뒷모습과 입원장 안에서 꺼내달라고 짖는 아이의 목소리를 들으면 안쓰럽고 미안한 마음이 들어요.

진료실에서는 생각나지 않던 질문들도 집으로 돌아온 뒤 이것저것 떠올라요. 수술하고 나면 다시 예전처럼 생활이 가능한지, 대소변은 입원장 안에서 잘 하는지, 평소 좋아하는 간식을 아이가 심심해할 때 제공해 줄 수 있는지, 혹은 입원 도중에 잠깐 산책하는 것도 가능한지 등등. 결국 다시 동물병원을 방문하거나 전화를 걸어 이러한 궁금증을 해결하죠. 간혹 자기가 너무 유난 떠는 거 아니냐고 묻는 분들이 계시는데 전혀 그렇지 않아요. 내 가족이 수술을 받는데 유난 떨지 않을 사람이 어디 있겠어요. 그런데 간혹 이런 질문을 하세요.

"여름에 수술하면 상처 덧나지 않나요? 기다렸다 겨울에 할까요?"

수술을 하면 수술 부위를 청결하게 관리해야 돼요. 그렇지 않을 경우 피부를 절개했던 곳에 감염이 생길 수 있거든요. 특히나 털북숭이들은 수술 부위를 청결히 유지해야 한다는 사실에 전혀 관심이 없기 때문에 온갖 세균이 가득한 입으로 수술 부위를 핥거나 발톱으로 긁고 바닥에 비비기도 하죠. 수의사가 아무리 꼼꼼하게 봉합을 했어도 수술 부위가 감염되면 절개한 곳이 안 붙을 수도 있어요. 이럴 경우 감염 부위를 긁어내고 재봉합 수술을 해야 돼요.

이러한 일을 예방하기 위해 대개 수술 후에는 붕대를 감아두어요. 외부 환경에서 오는 감염을 막고 스스로 핥지 못하게 하며 수술 후 염증으로 해당 부위가 부어오르는 것을 막고자 함이죠. 그런데 이렇게 붕대를 감아두면 수술 부위가 따뜻하고 습해져서 세균이 번식하기 쉬운 환경이 만들어져요. 게다가 더운 여름이 되면 땀과 피지의 분비가 활발해져 이러한 위험성이 더욱 증가하죠.

자신의 팔이나 다리에 보호대나 깁스를 장기간 해보신 분들은 아실 거예요. 한여름의 무더위에 분수처럼 샘솟던 땀, 햇볕과 통풍의 완벽 차단이 얼마나 심각한 냄새를 풍기는지를(거기다 젓가락이나 자로는 해결되지 않는 가려움증과 무성히 자라난 아마존 수풀 같은 팔다리의 털은 보너스죠). 사실 순수한 땀에서는 냄새가 나지 않아요. 피부에 있는 세균들이 땀과 피지를 영양분으로 삼아 이를 분해하며 증식하여 냄새가 나는 거예요. 즉 수술 부위에 땀이 많고 환기가 안 될수록 세균 감염의 위험성은 증가하죠.

이러한 이유로 일부 보호자분들께서 여름에 수술하면 덧나지 않을까 걱정을 하세요. 하지만 털북숭이들에겐 그런 걱정이 필요 없어요. 그 이유는 바로 털북숭이와 사람 간의 차이 때문이에요. 털북숭이는 사람처럼 땀이 나지 않는다는 것이 그 차이죠.

아마 이런 얘기 들어보셨을 거예요. 강아지, 고양이는 땀샘이 발바닥에만 있고 그래서 아이들은 더워도 몸에서 땀을 흘리지 않는다고요. 엄밀히 얘기해선 틀린 말이에요. 털북숭이의 몸에도 땀샘은 존재하거든요. 그런데 왜 사람처럼 더울 때 혹은 격렬한 운동 뒤에 몸에서 땀이 나지 않는 걸까요?

땀샘은 두 종류가 있어요. 하나는 우리가 더울 때 흘리는 물 같은 땀을 뿜뿜 내뿜는 땀샘(에크린 한선)과 귀, 겨드랑이와 같은 곳에서 특유의 냄새가 나는 땀을 분비하는 땀샘(아포크린 한선)이에요. 사람과 달리 대부분의 털북숭이들은 '뿜뿜' 땀샘이 발바닥에만 있기 때문에 덥다고 몸에서 땀을 흘리지 않아요. 하지만 냄새나는 땀샘은 전신에 분포되어 있어요. 그렇기 때문에 '땀샘이 발바닥에만 있다'라는 말은 잘못된 거예요. 그러니 앞으론 '에크린 한선은 발바닥에만 있다, 하지만 아포크린 한선은 전신에 있지'라고 하면 '어?

이 사람 뭐지? 수의사인가?'라는 존경 어린 시선을 받을 수 있어요.

실제로 한여름에 수술을 받은 아이에게 붕대를 감고 며칠 뒤 벗겨보아도 전혀 짓무르지 않고 멀쩡한 아이들이 대부분이에요. 장마철이라 하더라도 상황은 크게 다르지 않죠. 하지만 산유국 수준의 기름진 지성 피부를 가진 아이이거나 이미 피부병을 앓고 있는 경우, 붕대로 발을 감싸거나 귀를 막는 경우, 턱 밑까지 붕대를 해서 침이 흘러 들어가기 쉬운 경우에는 피부 트러블이 발생할 수 있어요. 그래서 이런 경우 붕대를 자주 갈아주면서 최소한의 기간만 붕대를 유지하는 것이 좋아요.

어느 무더운 여름날 제 털북숭이 환자의 발톱 바로 위에 종양이 생겨 발가락 절단 수술을 했어요. 평소에도 지성 피부로 잦은 피부병을 앓던 아이였는데 심지어 발을 감싸는 붕대를 2주간 했어야 했죠. 발은 넥카라를 해도 핥기 쉽고 걸을 때 수술 부위가 계속 자극되어 두꺼운 붕대를 오래 유지해야 하거든요. 폭염의 날씨에 2주간 붕대를 하고 있었더니 주변 발가락 사이와 발바닥에 습진이 심해졌어요(물론 붕대는 자주 갈아주었어요). 하지만 다행히 수술 부위엔 이상이 없어 봉합 부위가 잘 아물었고, 실밥 제거 후 주변 피부 치료를 하여 금방 정상 상태로 돌아왔어요.

그러니 여름이라고 수술을 미룰 필요는 없어요. 제아무리 피부병이 심해진다 한들 수술을 결정할 이유와는 비교할 바가 안 될 테니까요. 대신 붕대를 자주 갈러 병원에 가는 것을 귀찮아하지 마시고 수의사 선생님의 요청대로 제때 붕대를 갈 수 있게만 도와주세요! 간혹 붕대가 불가능한 부위이거나 붕대가 더 이상 필요 없을 경우 수술 부위를 개방한 채로 둘 때가 있어요. 이럴 때 아이가 답답해한다거나 핥지 않는다는 이유로 넥카라를 빼놓지 마세요. 눈치 빠른 녀석들은 여러분이 안 보이는 곳에서, 당신이 잠들었을 때, 혹은 잠깐 한눈판 사이에 열심히 핥고 있을 거예요. 1~2주를 못 참으면 치료에 더 오랜 시간이 필요할 수도 있으니 주의해 주세요!

저는 털북숭이 가족을 위해 이것저것 신경 쓰면서 공부도 질문도 자주 하시는 분들이 오히려 고마워요. 간혹 제가 신경 쓰지 못한 부분들을 챙겨주실 때도 있기에 이를 통해 털북숭이에게 더 좋은 결과를 가져다주는 경우가 많거든요. 그러니 너무 부담 가지면서 마음에 담아두지 마시고 궁금하신 것들, 뭔가 미흡해 보이는 것들에 대해서는 수의사 선생님께 얘기해 주세요. 수의학은 3명이서 함께 가는 3인 4각 장거리 달리기예요. 환자, 보호자, 수의사 셋이서 같은 곳을 보고 발맞추어 나가야 더욱 좋은 결과를 얻을 수 있다고 저는 굳게 믿고 있어요!

만약 뼈가 부러지거나 금이 가서 수술 없이 1~2달 가량 붕대를 유지하기로 했다면 제아무리 건성 피부를 가진 아이라 할지라도 피부 문제가 생길 수 있어요. 엄청난 각질과 가려움증, 탈모 등을 일으키고 간혹 욕창이 생기기도 하죠. 하지만 피부 트러블을 이유로 수술 안 해도 될 아이를 수술하거나 겨울이 될 때까지 수개월을 기다릴 순 없겠죠?

심장약 먹으면 콩팥이 망가진대! 절대 안 먹일 거야!

진료실에서 여러 보호자분들과 이야기하다 보면 가끔 특정 약에 대한 뚜렷한 주관을 가지고 계신 분들을 봬요.

> "저는 우리 애 스테로이드 절대 안 먹일 거예요."
> "항생제 오래 먹여도 괜찮아요? 몸 나빠진다던데...
> 이제 그만 먹으면 안 될까요?"

이런 오해에 항상 빠지지 않는 것이 바로 심장약이죠.

> "심장약 먹으면 콩팥 다 망가진다면서요? 저는 심장약 안 먹이고 싶어요."

자, 일단 심장약이 콩팥을 망가트린다는 건 사실일까요? 안타깝게도 사실에 가까워요. 심장약에는 대체로 여러 종류의 약이 포함되어 있어요. 혈관을 확장시키는 약, 심장 근육의 수축력을 강화시키는 약, 심장 박동을 느리게 조절해 주는 약 등 다양한 약들을 조합해서 처방하죠. 이중 빠질 수 없는 약이 바로 소변의 양을 늘려주는 이뇨제인데요. 심장약에서 가장 중요한 성분이라고 할 수 있어요. 그런데 이뇨제를 많이 쓰거나 오래 쓰면 콩팥이 손상을 입게 돼요. 그래서 심장약을 먹으면 콩팥이 망가진다는 이야기가 있는 거예요.

그렇다면 심장약에서 이뇨제를 꼭 써야 할까요?

심장은 펌프와도 같아요. 피가 온몸을 순환하게끔 뒤에서 끌어올려 앞으로 밀어내 주죠. 그런데 펌프가 고장 나서 혈액을 앞으로 충분히 밀어주지 못하는 상황이 발생한다면 어떻게 될까요? 심장 뒤에는 앞으로 밀려나가지 못한 혈액이 정체되고, 심장 앞에는 충분한 혈액이 공급되지 않는 상황이 발생해요. 내 몸에 적절한 양의 혈액이 있는지 체크하는 센서는 심장에서 혈액이 뿜어져 나오는 곳에 위치해요. 그래서 심장이 혈액을 앞으로 충분히 밀어주지 못하면 센서는 내 몸에 혈액이 부족하다고 판단해버려요.

'아, 내 몸에 물이 부족해서 혈액이 충분히 전달되지 못하는 거구나.
내 몸에 물을 더 늘려야겠다.'

이러한 오류로 인하여 소변을 덜 만들어 내어 내 몸에 더 많은 물이 머물게끔 신체가 작동해요. 하지만 이는 심장 뒤로 정체되는 혈액의 양을 더욱 늘릴 뿐이죠. 결국 뒤에 정체된 혈액은 폐나 복강, 흉강 등의 공간으로 넘쳐나게 되고 이로 인해 기력 저하나 기침, 호흡 곤란 등의 문제가 발생하죠. 그중 가장 무서운 것이 바로 폐부종이에요. 폐부종은 폐에서 공기가 드나드는 공간에 액체가 차는 것을 의미해요. 그로 인해 정상적인 호흡이 불가능해지죠. 마치 물에 빠졌을 때 폐로 물이 들어가 산소 교환이 되지 않아 저산소증으로 사망하듯이 말이에요. 폐부종이 생기면 결국 육지에서 익사하는 것과 유사한 상황이 발생해요. 이를 예방하고 치료하기 위해 이뇨제를 사용하여 몸에서 과도하게 저류되는 액체의 양을 줄여주는 거예요. 이뇨제는 콩팥을 통해 다량의 물이 소변으로 빠져나가게 도와주는 역할을 하거든요. 하지만 여기서 또 문제가 발생해요. 몸에서 많은 물이 빠져나가면 쉽게 손상받는 장기가 바로 콩팥이거든요. 심장병에 도움을 주기 위해 몸에서 물을 뺐더니 콩팥이 손상되고, 콩팥에 도움을 주고자 수분을 공급하니 심장병이 악화돼요. 아, 이런 딜레마가 또 어디 있을까요.

그럼 우린 심장과 콩팥 중 누구 편을 들어야 할까요?

그건 주저 없이 심장이에요. 심장약이 콩팥에 악영향을 줄 수 있는 건 모든 수의사들이 알아요. 하지만 그럼에도 불구하고 이뇨제를 쓰는 이유는 지금 당장의 응급 상황을 벗어나기 위해서예요. 심장병으로 폐부종이 생겼을 때 이뇨제를 쓰지 않으면 며칠 혹은 몇 시간 내로 아이는 사망하게 될 거예요. 그러니 콩팥에 대한 걱정으로 고민하고 있을 여유가 없어요.

물론 이뇨제를 써서 폐부종을 개선했으나 콩팥이 손상될 수 있어요. 하지만 일단 폐부종이라는 응급 상황을 벗어난 뒤 이뇨제 투여량을 조절하거나 콩팥 관련 처방약과 보조제를 통해 콩팥의 손상을 개선해 볼 수 있어요. 심장약을 쓰면서 가장 중요한 건, 꼭 필요한 시점에 적정량의 약을 써서 피해를 최소화하며 효과를 극대화하는 것이에요. 이를 위해 심장약을 먹이며 정기적으로 방사선, 초음파, 혈액 검사 등을 진행하여 그 결과를 토대로 심장약의 용량을 조절해야 돼요. 검사 범위나 주기는 주치의 선생님께 맡겨주세요.

이 외에도 여러 질환들을 동시에 가지고 있는 아이들이 많이 있어요. 그런데 하필 동시에 치료할 수 없는 상황들이 있죠. 심장과 콩팥처럼 심장병은 몸에서 물을 빼야 하고, 콩팥 질환은 몸에 물을 충분히 넣어줘야 하는 딜레마에 빠져요. 결국 이럴 때 선택 기준은 바로 '우선순위'예요. 누구 편을 들어주는 것이 털북숭이 가족을 위한 것인지를 생각하는 거죠.

관절염으로 다리를 저는 아이가 있어요. 그런데 이 아이는 만성 신부전[8]인 상태예요. 관절염 치료를 위한 진통 소염제는 대개 콩팥을 더 망가트려요. 이럴 때 여러분이 수의사라면 진통 소염제를 쓰시겠어요? 아니면 콩팥을 위해 약을 쓰지 않으시겠어요?

중요한 건 '우선순위'랍니다.

예시가 조금 극단적이었지만, 저라면 가장 효과적인 진통 소염제를 쓰지 않고, 'plan B'인 다른 계통의 진통제와 물리치료, 보조기 등의 방식을 사용하겠어요. 신장도 보호하며 통증도 잡아야 진정한 수의사 아니겠어요.

---

8) 콩팥이 망가져서 제 기능을 하지 못하는 상황

아이고, 얘가 감기에 걸렸나 보네? 기침이 심하네...

"우리 아이가 기침을 해요! 감기 걸렸나 봐요."

강아지가 기침을 하면 보호자분들은 대개 감기일 거라 생각해요. 그럴 수밖에 없는 게 평소 사람이 기침을 하는 경우는 대개 감기에 걸렸을 때이니까요. 하지만 강아지는 조금 달라요. 감기가 아닌 다른 질병 때문에 기침을 하는 경우가 꽤 많거든요. 그것은 바로 기관 허탈과 심장병!

기관 허탈은 '기관'이라 하는 장기가 '허탈'되는 질병이에요. 기관은 원래 탄력성이 좋은 고무파이프같이 생겼어요. 강아지가 숨을 들이마시고 내쉴 때 공기는 기관이라는 곳을 지나서 폐로 들어가요. 그런데 어떠한 이유로 이 기관의 탄력성이 떨어지게 되면 숨 쉬는 타이밍에 따라 기관이 좁아졌다 펴졌다를 반복하게 돼요. 이때 좁아진 기관으로 인해 기침이 발생할 수 있어요.

그리고 심장병! 모두가 알다시피 심장은 신체에서 매우 중요한 장기예요. 그런데 이 심장에 문제가 생길 경우 집에서 가장 먼저 알아차릴 수 있는 변화가 바로 기침과 호흡수의 증가에요. 어떠한 종류의 심장병이든지 간에 질병이 진행될수록 심장의 크기가 커지면서 결국엔 기능이 떨어지게 돼요. 그런데 이 과정에서 기관지를 압박하거나 폐에 물이 차면서 기침을 일으킬 수 있어요.

물론 이 외에도 기침을 일으키는 질병은 여러 가지가 있어요. 폐렴이나 알레르기, 폐종양 등 기침의 원인은 다양하지만 발병 빈도수나 중요도를 따졌을 때 우선은 감기, 기관 허탈, 심장병 이렇게 세 가지만 고려해도 될 것 같아요.

그럼 이 아이들을 어떻게 구별할까요?

병원에서는 간단한 검사로 쉽게 구별할 수 있어요. 기관이 좁아지거나 심장이 커지진 않았는지, 그리고 폐 상태는 괜찮은지 신체 검사와 청진, 그리고 흉부 방사선 검사(X-ray)를 통해 구별 가능하죠. 그런데 집에서는 이를 확인할 길이 없어요. 그래서 몇 가지 간단한 차이점을 알려드릴까 해요.

우선 기관 허탈은 거위 울음소리와 같은 특이한 기침 소리를 내요. 감기에 걸린 사람이 내는 기침 소리와는 조금 다르죠. 게다가 평소에는 기침이 없다가 산책을 나가거나 가족이 귀가하는 등의 이벤트가 있을 때 주로 기침을 한다면 기관 허탈일 가능성이 높아요. 흥분을 하게 되면 호흡수가 증가하고 이로 인해 기관 내부를 지나가는 공기의 흐름이 빨라져요. 빨라진 공기의 흐름은 기관 내부에 난류를 일으켜 기관의 허탈을 심화시키죠. 쉽게 말해 기관 허탈을 가진 아이들은 흥분하면 기침 증상이 더욱 심해져요.

그리고 또 중요한 건 바로 품종. 포메라니안은 거의 대부분 기관 허탈이 있다고 보시면 돼요. 그 외에도 요크셔 테리어, 치와와, 말티즈, 푸들 등의 작은 견종과 단두종에서도 자주 관찰되죠. 이를 통해 우리는 기관 허탈이 유전성 질환임을 알 수 있어요.

다음은 심장병으로 기침하는 경우에 대해 알려드릴게요. 우선 만 6세 이하의 강아지라면 심장병으로 인해 기침할 가능성은 낮아요. 심장병은 주로 나이가 들어감에 따라 심해지기 때문에 어린 나이에 증상이 나타날 정도로 심하게 진행되는 경우는 매우 드물죠. 물론 선천 심장병이라면 어린 나이에도 증상을 보일 수 있지만 발생률이 매우 낮기 때문에 크게 걱정하실 필요 없어요. 하지만 잘 때 호흡수가 1분에 30회를 넘어간다면 기침의 원인이 심장병일 가능성이 높아요. 정상 강아지는 1분에 12회에서 20회 사이로 숨을 쉬는데, 심장병이 심해져 폐에 물이 차거나 흉수[9]가 생겼을 경우엔 호흡수가 훨씬 빨라지죠. 그렇기 때문에 잘 때 호흡수가 높다면 응급 상황이 발생할 수 있으니 즉시 동물병원으로 데려오셔야 해요. 여기서 주의할 점은 꼭 자고 있을 때 호흡수를 체크해야 한다는 거예요. 깨어있을 때는 심리적인 요인이나 통증으로 인해 호흡이 가쁠 수 있어요. 하지만 잠이 들었을 땐 호흡수를 증가시킬 만한 요인이 없어요. 그러니 노령견의 가족분들께서는 잘 때 아이의 호흡수가 몇 번이나 되는지 주기적으로 체크해 주시면 많은 도움이 될 거예요.

---

9) 갈비뼈와 횡격막으로 둘러싸인 흉곽이라는 공간에 물이 차는 질환. 호흡할 때 폐가 펴지기 위해서는 흉곽 내부의 여유 공간이 필요한데 이 공간에 물이 차면서 폐가 정상적으로 펴질 수 없게 됨

만약 만 13세의 말티즈가 요즘 들어 기침을 하더니 잠이 든 후 1분 동안의 호흡수가 30회를 넘어간다면! 바로 동물병원에 가서 체크를 받아야 해요. 특히나 잘 때 1분당 호흡수가 42회를 넘어간다면 응급일 가능성이 매우 높으니 주저 말고 꼭 병원으로 달리세요.

마지막으로 맑은 콧물이 나오면서 기침을 시도 때도 없이 한다면, 단순한 감기일 가능성이 높아요. 감기는 나이와 상관없이 대다수의 털북숭이에게 나타날 수 있죠. 그리고 사람과 비슷하게 저녁에 기침 증상이 심해지거나 환절기에 잘 걸리는 경향이 있어요.

젊은 포메라니안이 간식을 주면 흥분하면서 거위 울음소리 같은 기침을 한다면?! 기관 허탈일 가능성이 높아요.

어린 비숑 프리제가 추운 겨울에 산책 후 콧물을 찔끔찔끔 흘리면서 기침을 한다면?! 감기일 듯싶어요.

마당에서 사는 젊은 진돗개가 한여름에 자주 기침을 한다?! 그럼 심장사상충 감염을 의심해 봐야 할 거 같네요.

이렇듯 질병의 특성과 품종, 증상 발생 전의 이벤트 등을 토대로 어느 정도 예측해 볼 순 있어요. 하지만 예외란 항상 존재하는 법!! 그러니 앞에서 설명한 일부 특징만 가지고 기침의 원인을 감별해서 섣부른 판단을 하지는 말아 주세요. 이런 특징들을 말씀드린 이유는 기침한다고 다 감기가 아니니 증상이 너무 오래가거나 다른 게 의심된다 싶으면 꼭 체크 받아 보시길 바라기 때문이에요.

'아, 콧물이 있으니 감기겠네. 병원 안 가봐도 되겠다. 휴우...'

이런 오해는 절대 하시면 안 돼요.

특히 '심장병'의 경우 하루 이틀 늦춰진 진단과 치료 때문에 돌이킬 수 없는 슬픈 결과를 초래할 수 있어요. 그러니 부디. 제발. 꼭 미리미리 체크해 주세요. 여러분이 가벼운 감기라고 대수롭지 않게 넘기는 동안, 그 옆에서 강아지는 익사당하고 있을지도 모르니까요('심장약 먹으면 콩팥이 망가진대! 절대 안 먹일 거야!'편 참조).

건강검진을 통해 정기적으로 체크해 보면 가장 좋겠지만, 여러분의 시간이나 환경, 아이의 성격, 비용 등으로 인해 건강검진이 어렵다면! 수의사 선생님과 상의 후 나이와 품종, 생활 환경과 증상에 따른 필수적인 몇 가지만 체크해 보는 것도 고려해 보세요. 분명 사랑스러운 털북숭이 가족과 더 행복한 시간을 오래 보내는 데 큰 도움이 될 거예요.

수의사의 TIP

간혹 '기관 허탈'을 '기관 협착'이라고 부르시는 분들도 계시는데 이건 잘못된 용어예요.
기관 협착은 선천적 혹은 후천적으로 기관이 붙어버린 상태를 이야기해요. 하지만 기관 허탈은
호흡에 따라 기관이 좁아졌다 펴졌다를 반복하는 질환이에요. 사실 보호자분들이 기관 협착이라고
말씀하셔도 찰떡같이 기관 허탈이라 알아듣기는 해요. 하하.

고양이가 기침을 할 경우 대개 호흡기 문제예요. 허피스(Herpes virus)나 칼리시 바이러스(Calici virus), 클라미디아(Chlamydia felis) 등과 같은 감염성 질환으로 인한 호흡기 문제가 가장 흔하거든요. 종종 천식을 가진 고양이가 기침을 하기도 하지요. 하지만 강아지와 같이 심장병이나 기관지 허탈로 인해 기침을 하는 경우는 매우 드물어요. 만약 고양이에게 심장병이 있다면? 평소와 달리 얌전하고 약간의 '우다다 후' 입을 벌리고 숨 쉬는 모습을 보일 수도 있어요. 이런 모습을 보인다면 병원에 데려가 관련된 검사를 받아보는 게 좋아요.

우리 아이가 방금 구토했는데, 그래도 약 먹여요?

평소 사료와 간식 가릴 거 없이 줬다 하면 1분 안으로 다 해치우던 아이가 웬일인지 사료를 깨작거려요. 알 수 없는 불안감이 살짝 스쳐 지나갈 때 그나마 조금 먹은 사료를 다 토해 버리네요. 사료와 하얀 거품, 투명하고 걸쭉한 액체를 게워낸 털북숭이가 기운 없이 얌전히 구석으로 가서 엎드려요. 평소와 다른 걸 먹이지도 않았고 어제는 평소보다 더 신나게 산책도 했는데 왜 그런지 이유를 알 수 없어요. 어떡해야 할까요?

사람은 어느 정도 크고 나면 과음이나 멀미 혹은 식중독에 걸리지 않는 이상 잘 토하진 않죠. 하지만 털북숭이들은 구토가 참 잦아요. 위장이 안 좋아도 구토를 하지만 이물질을 먹어 위나 장이 막혀도 구토를 해요. 나이가 들어 신장이 안 좋아져도, 기름진 음식을 먹어 췌장에 염증이 생기거나 감기에 걸려 기침을 심하게 하다가도 구토를 해요. 심지어 밥 먹은 지 오래되어 속이 비었다고 구토를 하는 경우도 있어요. 이렇게 다양한 원인이 있다 보니 털북숭이 가족이 구토를 하면 이런저런 고민과 궁금증이 생겨요.

'뭘 잘못 먹었나, 얘가 왜 구토를 하지? 병원에 데려가야 하나?'
'구토하니까 간식 주면 안 되겠지? 그럼 언제부터 주지? 보조제는 먹어도 되나?'
'어? 심장약 먹여야 되는데? 아침에 구토했으니까 이따 저녁까지 구토 없으면 그때
약 먹일까?'

구토 횟수가 많거나 기력이 많이 떨어지는 경우, 토사물의 양이 너무 많거나 피가 보이는 경우, 구토 이외 다른 이상을 같이 보이는 경우엔 고민하지 말고 그냥 병원으로 데려와 주세요. 심각한 질환의 경우 초기 처치가 늦어지면 늦어질수록 털북숭이에게 더욱 심각한 손상을 줄 수 있거든요. 하지만 아이의 상태가 그리 나빠 보이지 않아 조금 더 지켜보다 병원에 데려가기로 결정하셨다면 아래 내용을 참고해 주세요.

우선 '이물질' 혹은 '독성 물질'을 먹지 않았다는 가정하에 잘 놀던 아이가 갑자기 구토를 한다면 12~24시간 정도 금식시켜 주세요. 구토로 위가 매우 예민해져 있는데 바로 다시 밥을 먹을 경우 구토가 반복될 수 있거든요. 금식을 시킨 후 추가적인 구토나 다른 특이 증상이 없다면 부드럽고 소화가 잘 되는 저지방의 음식을 주는 것이 좋아요. 기존에 먹던 사료를 물에 불려주거나 닭가슴살과 쌀로 끓인 죽, 흰 살 생선죽, 소화기 질환용 처방식 캔 사료 등을 추천드려요. 하루 이틀 정도 지나 구토가 없고 컨디션도 양호하다면 이전에 먹던 사료로 전환해 주세요.

평소 다른 질환으로 꾸준히 약을 먹던 아이가 약 먹기 직전에 구토를 할 수 있어요. 이럴 경우 제일 먼저 해야 할 건 바로 현재 먹고 있는 약이나 보조제가 아이에게 얼마나 중요한 지를 따져보는 거예요. 만약 심장병으로 죽다 살아난 아이가 먹는 약이라면 구토 두세 시간 뒤에 다시 약을 먹여야 해요.

하지만 가벼운 피부병 약이라면 속이 불편할 수 있으니 무리해서 먹이지 말고 다음 약 먹일 차례에 다시 먹여보는 게 좋아요.

그런데 만약 약을 먹인 뒤 30분도 지나지 않아 구토를 했다면 토사물을 잘 살펴보세요. 토사물에 약이 보인다면 해당 약은 흡수가 안 되었다고 판단하는 게 좋아요. 아이에게 중요한 역할을 하는 약일 경우 몇 시간 뒤 다시 약을 먹여야 할 수도 있어요. 하지만 30분이 지나서 구토를 했다면 토사물에서 약이 그대로 발견되지 않는 이상 얼마나 흡수되었는지 알 방법이 없어요. 자칫하다간 약을 2배로 먹이는 상황을 만들 수 있기에 약 먹은 지 30분이 지나 구토를 했고 토사물에서 약이 발견되지 않았다면 다시 먹이진 마세요.

이때 주의할 건 아침약을 먹고 토했으면 아침약을 다시 먹여야 한다는 거예요. 아침저녁 동일한 약을 먹이는 경우도 있겠지만 간혹 아침약과 저녁약의 성분이 서로 다를 수 있거든요. 그렇기 때문에 아침약을 먹고 토했다면 아침약을 다시 먹여야 해요.

평소 구토가 없던 아이가 특정 약을 처방받은 이후로 항상 구토를 한다면? 그 약이 구토를 유발하는 것일 수 있어요. 일부 약 중에서 구역감을 유발하는 약이 있거든요. 그럴 땐 소량의 음식과 함께 섞어서 약을 급여해 보세요. 혹은 밥을 먹은 뒤 바로 약을 먹이거나요. 그럼에도 불구하고 약을 먹고 난 뒤 항상 구토가 있다면 약을 아예 중단하고 수의사 선생님과 상담해 주세요. 다른 약으로 바꾸거나 구토 억제제를 추가해서 처방해 주실 거예요.

마지막으로 무엇보다 가장 중요한 건 바로! 이 모든 결정엔 수의사 선생님의 진단이 우선시 되어야 한다는 점이에요. 처방된 약물의 특수성이나 아이들의 상황에 따라 앞에서 말씀드린 내용과 달리 행동하셔야 될 수도 있어요. 그러니 되도록이면 수의사 선생님께 확인받고 어떻게 할지 결정해 주세요. 수의사 선생님과 연락이 닿지 않을 경우에만 위 내용을 참고해 주세요.

털북숭이가 젊고 건강할 땐 구토 한두 번과 하루 정도의 금식으론 끄떡없어요. 하지만 나이가 들었거나 몸이 약한 경우 몇 번의 구토와 짧은 금식 만으로도 급성 신부전이나 췌장염이 발생할 수 있어요. 특히나 심장병 환자의 경우 이뇨제를 먹고 있기 때문에 '이뇨제 + 구토 + 금식'으로 몸에 탈수가 심해져서 심각한 신부전이 올 수 있거든요. 그러니 당신의 털북숭이 가족이 늙고 병약해졌다면 별일 아니니 금방 괜찮아질 거라는 막연한 믿음보다는 혹시 어디 안 좋은 거 아닌가 우려하는 작은 걱정 인형 하나 안고 사는 자세를 취하는 것도 좋을 듯싶어요.

수의사의 TIP

간혹 구토로 진료를 보러 온 털북숭이에게 관련 약을 처방해 드렸는데, 아이가 밥을 안 먹거나 구토를 한다는 이유로 그 약을 안 먹이시는 분들이 계세요. 약을 먹여야 밥도 먹고 구토도 멈출 테니 이런 경우엔 구토가 잠시 멎었을 때 꼭 약을 먹이셔야 해요!! 약을 먹어도 계속 구토를 한다면 통원 치료가 아닌 입원 치료로 전환하여 병원에서 주사를 맞으며 치료를 받는 게 더 낫겠죠?

스케일링을 하는데
왜 전신 마취를 해요?

여러분은 언제 마지막으로 스케일링 시술을 받으셨나요? 저는 매년 초에 받고 있어요. 일년에 한 번씩 국민 건강 보험을 통해 저렴한 가격에 스케일링을 받을 수 있어 매년 정기적으로 받고 있죠.

털북숭이들도 일년에 한두 번씩 정기적으로 스케일링을 하면 참 좋아요. 관리가 워낙 안 되어있는 아이들이 많기 때문이죠. 정기적으로 관리하지 않으면 치아 상태는 정말 끔찍할 정도로 안 좋아져요. 하지만 대다수의 보호자 분들이 전신 마취를 해야 한다는 부담감에 이를 매우 꺼려 해요. 마취를 자주 하면 바보가 된다거나 마취하다 못 깨어났다는 얘기들도 들려오니 비용을 떠나 심리적 부담이 클 수밖에요.

아무리 부담이 된다 하더라도 스케일링이 꼭 필요한 순간들이 있어요. 수의사는 그런 상황을 발견하면 보호자분께 말씀을 드리죠. 스케일링을 해야 할 거 같다고요. 미처 몰랐던 아이의 구강 상태의 심각성을 깨닫고 스케일링 관련 설명을 듣다 간혹 어느 한 부분에서 당황하시는 분들이 계세요.

"스케일링을 하는데 전신 마취를 한다고요?"

너무나 당연한 소리로 다가오는 분들도 계시겠지만 전혀 몰랐다는 분들도 계세요. 털북숭이들은 왜 전신 마취를 하고 스케일링을 해야 할까요? 우선은 여러분들이 치과에 가면 어떤 순서로 진료를 받는지 기억을 더듬어 보죠.

먼저 어디가 불편해서 왔는지 간단한 상담을 진행해요. 자신의 차례가 되면 비싸 보이는 치과 의자에 기대어 누워 치과 선생님을 기다려요. 잠시 후 바빠 보이는 선생님이 오셔서 간단히 내 구강을 살핀 후 필요하면 치과 방사선을 찍어요. 촬영을 마친 후 다시 그 의자로 돌아오면 뭔가 무시무시한 것들이 세팅되어 있어요. 잠시 후 다시 등장한 선생님께 현재 상황이 어떠한지 그리고 어떤 치료를 받을 것인지 설명을 들어요. 그러고 나면 초록색 천에 나의 시각을 빼앗기고 청각과 구강 내 감각에 온 신경이 집중돼요. "입 더 크게 벌리세요", "물 나와요. 삼키지 마시고 불편하면 왼손 들어주세요", "바람 나와요. 조금 시릴 수 있어요", "고생하셨어요. 일으켜 드릴 테니 입 헹궈주세요" 등 굉장히 많은 지시 사항에 군말 없이 시키는 대로 하죠.

그중 개인적으로 가장 불호인 멘트는 바로 "조금 따끔하고 뻐근할 수 있어요"예요. 대개 입안에 마취제를 주사할 때 하는 멘트죠. 말씀과 달리 많이 따끔하고 엄청 뻐근해요. 하지만 아무리 아프다고 해도 치과 선생님의 손을 물거나 손톱으로 할퀴고 도망 치진 않아요.

이런 수많은 과정과 지시 사항들을 우린 치과에서 시키는 대로 해요. 시키는 대로 안 했다간 더 아프거나 위험해질 수 있기 때문이죠. 불편하더라도 더 큰 불편을 안 겪기 위해 감수하는 거예요. 하지만 슬프게도 우리 털북숭이들은 사람과 달리 더 나은 결과를 위해 현재의 고통을 참는 법을 몰라요. 지금 이 사소한 불편함을 감수하지 않으면 얼마 못 가 더 큰 고통을 겪게 될 거라는 사실을 알 수 없어요. 단지 현실의 스트레스와 통증으로부터 최대한 회피하려고 하죠. 그래서 전신 마취가 필요해요.

구강을 찬찬히 살피고 치과 방사선을 찍기 위해서는 입을 벌린 채로 일정 시간 가만히 있어야 해요. 스케일링하며 나오는 물을 삼켜도 안 되고 지시에 따라 고개도 좌우로 돌려야 하죠. 치과 수술을 위해서는 국소 마취제를 잇몸에 주사해야 하는데, 과연 이런 모든 과정들을 털북숭이가 얌전히 참아줄까요?

간혹 무마취로 스케일링을 하는 경우가 있어요. 물이 뿜어져 나오는 스케일링 기계를 쓰지 않고 몇 가지 도구를 활용하여 손으로만 스케일링 하는 방법을 말해요. 이를 두고 치과 전문 수의사들은 부정적인 반응을 보여요. 우선 잇몸과 치아 사이 깊숙이 있는 플라크를 깨끗이 제거할 수 없다는 것, 외부에서 보이는 치아 바깥쪽 면은 치석 제거가 가능해도 치아 안쪽 면은 도저히 손댈 수 없다는 것, 치과 방사선 촬영이나 치아 주변 잇몸의 손상 정도를 파악하는 것이 불가능하다는 것을 그 이유로 들었죠. 그래서 저도 되도록이면 마취 후 진행할 것을 권해드려요.

그럼 언제 스케일링을 하러 병원에 방문해야 할까요?

동물병원에 주기적으로 방문한다면 수의사 선생님께 구강 상태 체크를 요청한 뒤 판단하면 되겠지만, 병원을 방문할 일이 잘 없다면 여러분이 직접 털북숭이의 구강을 들여다보며 판단해 주세요. 아무리 보아도 뭐가 이상한지 모르겠는 당신을 위해 몇 가지 간단한 체크리스트를 안내해 드릴게요. 만약 이런 이상이 하나 이상 관찰된다면 스케일링과 구강 검사를 진행해야할 거예요.

이런 증상이 나타나면 동물병원에 방문하세요!

- 잇몸이 빨갛게 변하거나 양치질 혹은 음식을 먹다 쉽게 피가 난다.
- 치아 모양이 반대쪽과 다르다.
- 잇몸 경계가 주변 치아에 비해 낮아지거나 높아졌다.
- 반대쪽에는 없는 구조물이 한쪽에만 존재한다.
- 심한 냄새가 난다.
- 한쪽으로만 사료를 씹거나 씹던 사료를 떨어트린다.

치아와 맞닿는 곳의 잇몸이 빨갛게 변하거나 쉽게 피가 난다면 잇몸에 염증이 있다는 걸 의미해요. 올바른 양치질과 치약의 사용 그리고 잇몸약 복용만으로 개선되는 경우도 있지만 치석이 두껍게 쌓여있다면 스케일링을 하지 않는 이상 잇몸 염증이 계속 반복될 거예요.

정상적인 치아 구조를 가진 털북숭이라면 산맥 같은 모양의 치아 구조를 가졌어요. 그리고 양쪽이 대칭이죠. 하지만 반대쪽과 치아 모양이 다르거나 비슷해 보이는 산맥인데 산봉우리 하나가 사라졌다면 치아가 부러졌을 가능성이 높아요. 반대쪽과 잘 비교해 보세요.

잇몸의 높이는 앞니에서부터 안쪽 어금니까지 거의 일정해야 해요. 만약 경계가 너무 낮아져 있다면 이는 염증으로 인해 잇몸이 녹아내렸음을 의미해요. 잇몸의 높이가 오히려 올라와 있다면 고양이는 치아 흡수성 질환, 강아지는 잇몸 종양 혹은 과증식이 의심되지요.

양쪽을 번갈아가며 유심히 관찰하는데 무언가 이상한 구조물이 한쪽에서만 관찰된다면? 아마도 종양일 가능성이 높아요. 구강 악성 종양의 경우 치료 반응이 매우 안 좋기 때문에 빨리 찾아내어 치료해 주는 것이 매우 중요해요.

위에서 말씀드린 육안적인 변화 이외에도 꼭 체크해 보셔야 하는 게 있어요. 바로 냄새! 어릴 때 유치에서 영구치로 바뀌는 시점에는 일시적으로 입 냄새가 날 수 있어요. 그리고 치석이 많이 쌓였거나 잇몸에 염증이 있는 경우 심한 구취가 날 수 있어요. 그런데 이런 상황이 아님에도 불구하고 입에서 냄새가 심해졌다면?! 입안 깊은 곳에 구내염이나 치아 안쪽의 치석, 신장 기능의 이상, 탈수 등이 있을 수 있어요.

또한 중요한 것이 바로 씹는 모습! 가장 쉽게 관찰할 수 있으면서도 많이들 놓치는 부분이에요. 여러분은 우측 어금니에 충치가 생겨 아플 때 어떻게 하시나요? 왼쪽으로만 씹죠. 털북숭이들도 마찬가지예요. 한쪽 치아나 잇몸에 이상이 있으면 반대쪽으로만 씹으려고 해요. 이럴 때 보이는 모습은 바로 고개를 한쪽으로 갸우뚱한 상태로 씹는 거예요. 만약 우측 치아에 이상이 있어 통증을 느낀다면 고개를 왼쪽으로 기울인 채로 사료를 씹어먹을 거예요. 혹은 사료를 씹다 턱을 떨면서 사료를 뱉어낼 수도 있어요. 과하게 침을 흘릴 수도 있고요. 이런 증상은 대개 치아 내부의 신경조직에 문제가 생겼을 때 나타나요.

이 외에도 여러 이상이 관찰될 수 있지만 집에서는 이 정도만 체크해 보셔도 충분해요. 이런 변화가 관찰될 경우 빠른 시일 내로 동물병원에 방문하여 스케일링과 구강 검사를 받아보는 것이 좋아요. 그러니 앞으로 매일은 아니더라도 적어도 한 달에 한 번은 아이의 치아를 꼼꼼히 살펴보아 주세요. '호미로 막을 것을 가래로 막는다'라는 옛 속담을 아시죠? 이런 당신의 노력이 호미로 막을 수 있는 일은 호미로 막게 해줄 거예요. 당신의 노력과 관심이 없으면 호미가 아닌 가래로 막게 될 테니까요. 장담컨대 가래로 막는 게 훨씬 아프고 마취 시간도 오래 걸리며 비용도 증가할 거예요.

만약 털북숭이가 집에서는 입에 손도 못 대게 하고, 얼굴 주변에 손이 가는 순간 으르렁댄다면! 그때가 기회예요. 으르렁거릴 때 치아를 보세요. 이때 어금니는 보기 힘들어도 앞니와 송곳니는 아주 잘 보이거든요. 그래도 정 안되면•전문가에게 맡기세요. 저희 수의사들이 도와드릴게요.

우리집 강아지 눈이 하얘졌어요!
백내장인가 봐요!

자, 지금부터 몇 가지 질문을 드려볼게요. 무슨 질병 때문일지 한번 생각해 보세요.

Q1

2살 비숑 프리제 '송송'이가 평소처럼 격하게 뛰어놀다 깨갱 하더니 그 이후로 뒷다리를 절어요. 근육이 놀란 건가 싶어 집에서 며칠 쉬었는데도 며칠째 걸을 때 뒷다리를 딛기는 하나 땅에 닿자마자 바로 다시 다리를 들어요. 왜 그럴까요?

Q2

9살 푸들 '도도' 무릎 뒤 피부에 동그랗고 말랑한 무언가가 만져져요. 시간이 지나면서 조금씩 커지는 거 같은데 만져도 아이가 딱히 아파하진 않아요. 이건 뭘까요?

🐾 Q3

13살 말티즈 '호라' 눈이 점점 하얗게 변해가고 있어요. 특히나 밝은 빛 아래에서 볼 때 더 잘 관찰돼요. 작년에는 긴가민가 한 정도였는데 올해에는 조금 더 확실히 뿌옇게 변한 게 느껴져요. 혹시나 싶어 이전에 찍은 사진과 비교해 보니 사뭇 달라진 모습이에요. 왜 그럴죠?

털북숭이와 함께 지내다 보면 위와 같은 상황에 처할 수 있어요. 이럴 때 주로 보호자분들 머릿속에 첫 번째로 떠오르는 질환들이 있죠.

🐾 A1

슬개골 탈구

🐾 A2

지방종

🐾 A3

백내장

워낙 유명한 질병들이다 보니 대다수의 보호자분 머릿속에 일종의 각인이 되어 있어요. 그런데 사실 위와 같은 상황이라면 다른 질환일 가능성이 더 높아요. 그 질환은 바로 다음과 같아요.

A1

전십자인대 완전 혹은 부분 단열

A2

비만세포종

A3

핵경화

위 세 질환은 슬개골 탈구, 지방종, 백내장에 비해 인지도 없는 질환들이지만 발생률이 굉장히 높은 편이에요. 그중 나이 든 강아지에서는 100% 나타나는! 즉 모든 강아지들이 겪게 되는 변화인 핵경화에 대한 오해를 풀어볼까 해요.

핵경화는 눈 안에 존재하는 수정체에 노령성 변화가 나타나는 것을 의미해요. 수정체는 투명한 유리로 만든 볼록 렌즈처럼 생겼어요. 혹시 중고등학교 시절 과학 시간에 눈과 사물의 거리에 따라 수정체가 초점을 조절한다는 내용 배운 기억나세요? 가까이 있는 물체와 멀리 있는 물체를 볼 때 눈 내부에 있는 수정체의 두께가 변하면서 초점을 맞춘다는 내용이었죠. 이처럼 수정체는 눈의 초점을 맞춰주는 역할을 해요. 그런데 나이가 들어감에 따라 수정체 구성 물질이 내부에 압착되면서 하얗게 변해요. 그래서 빠르면 8~9살부터 시작되고 13살이 넘어가면 모든 강아지에게서 이러한 변화가 관찰돼요. 그렇기 때문에 핵경화는 나이대를 판별할 수 있는 기준이 되기도 하죠.

그런데 인지도가 없어요. 모르는 분들이 굉장히 많죠. 핵경화는 눈이 하얗게 변한다는 점에서 백내장과 매우 유사해요. 그래서 나이 든 강아지의 핵경화를 백내장으로 오해하시는 분들이 매우 많죠. 백내장은 인지도 면에서 거의 BTS나 아이유급이거든요. 모르는 사람이 없죠. 그에 반해 핵경화는 'Earth, wind and fire'같은 느낌?! 수많은 히트곡에 국내에서도 광고 음악으로 많이 쓰였지만 막상 이 밴드를 아는 사람은 적어요(참고로 저는 내한 공연도 갔습니다). 그러다 보니 핵경화로 눈이 하얗게 변한 강아지를 위해 백내장 관련 보조제나 백내장 제거 수술을 알아보는 일이 벌어져요. 그럴 필요가 없는데 말이죠.

둘의 차이는 명확해요. 백내장은 진행될수록 시력을 상실하게 돼요. 핵경화와 마찬가지로 백내장은 수정체에 나타나는 변화인데, 이 변화가 눈에 들어오는 빛을 차단하므로 오랜 시간이 지나면 시력을 아예 잃게 돼요. 그래서 수술하기 전에 시력이 괜찮은지 망막전위도 검사라는 걸 진행해 보고 시력을 잃지 않은 게 확인된 아이에게만 수술을 진행하죠. 하지만 핵경화는 달라요. 빛을 차단하지 않기 때문에 시야를 흐리게 할 순 있지만 못 보게 하진 않아요. 그리고 백내장은 진행이 될수록 안구 내부에서 염증을 일으켜요. 이를 포도막염이라고 하는데 진행 정도에 따라 눈이 빨갛게 되고 심할 경우

녹내장[10]을 일으키기도 해요. 하지만 핵경화는 이런 염증 반응도 일으키지 않아요. 진행 속도도 백내장에 비해 핵경화는 매우 느린 편이에요. 특히나 당뇨로 인한 백내장은 진행 속도가 매우 빨라서 수술로써 교정을 하지만 핵경화는 별다른 처치를 하지 않아요.

그럼 이 둘을 어떻게 구분할까요?

당연히 동물병원에 가서 수의사 선생님께 확인을 받아보셔야겠죠. 하지만 지금 당장 체크해 보고 싶다면! 정확하진 않지만 간단하게 확인해 볼 수 있는 팁을 알려 드릴게요.

집에서 확인하는 팁

1. 핸드폰 플래시를 켜주세요.

2. 약간 어두운 곳에서 우리집 털북숭이와 진한 눈키스를 해주세요.

3. 한창 분위기가 무르익을 무렵 핸드폰 플래시를 털북숭이 눈에 슬쩍 비춰보세요.

TIP 너무 가까이서 비추진 말아주세요. 눈이 아플 수 있어요! 보호자분의 귀 옆에서 비춰도 충분히 보일 거예요.

4. 동공에 보이는 색깔을 아래처럼 구분하여 판단하시면 돼요.

　　A. 칠흑 같은 까만색 : 정상

　　B. 호수 위 물안개처럼 고르게 푸른색 : 핵경화

　　C. 냉동실에 얼린 얼음에 생긴 기포처럼 불규칙한 하얀색 : 백내장

---

10) 안구 내부의 압력이 너무 올라가는 응급 질환

이렇게 눈에 보이는 간단한 양상으로 어느 정도 구별이 가능하지만 정확한 건 수의사 선생님께 확인을 받아보셔야 해요. 백내장이 수정체의 가장자리에서 진행될 경우 특수 안약으로 동공을 충분히 확장시킨 후 확인하지 않는 이상 백내장이 없다고 잘못 판단할 수 있거든요. 또한 나이가 들어 백내장과 핵경화가 동시에 진행 중일 수도 있기에 섣부른 판단을 하셔선 안 돼요. 만약 정말로 아이가 백내장을 가지고 있다면 시력을 잃기 전에, 혹은 심한 염증이 생기기 전에 수술이나 관련된 안약을 처방받는 것이 중요해요. 그러니 우리집 털북숭이의 눈이 하얗게 변한다면 혹은 나이가 들어간다면, 앞에서 말씀드린 내용을 잘 기억해 두셨다가 적용해 보시기 바라요. 무슨 병이든 정확히 알고 빨리 치료할수록 고통은 짧아지고 예후는 좋아지며 비용도 줄어드는 법이니까요!

수의사의 TIP

A1 해설 : 비숑 프리제의 품종 특성과 닮는 하나 다시 바로 다리를 드는 증상, 며칠이 지나도 개선되지 않는 모습 등을 종합해 보았을 때 전십자인대의 손상이 더 의심돼요. 물론 슬개골 탈구도 같이 있을 수 있어요.

A2 해설 : 비만세포종이라는 건 악성 종양이에요. 워낙 다양한 모양으로 발생하기에 생긴 것만 보고 평가할 수 없는 종양이죠. 그런데 간혹 단순한 지방종과 매우 유사한 형태로 나타나기도 해서 적절한 치료 시기를 놓치기도 해요. 지방종은 대부분 양성 종양이고 무해하여 딱히 치료를 하지 않지만 비만세포종은 그렇지 않거든요. 특히나 다리 피부 밑에 지방 느낌의 말랑한 종괴가 만져진다면 이는 비만세포종일 가능성이 높다는 보고가 있어 특히 주의를 요구해요.

이제는 보내줘야
할 때가 된 건가요?

'나의 털북숭이 가족이 늙어서 질병으로 너무 힘들어하는 순간이 온다면,
나는 과연 어떤 선택을 할까?'

여러분은 혹시 이런 생각을 해보셨나요? 아마 이 책을 읽고 계신 모든 분들
에게 가슴이 쿵 하고 내려앉는 물음일 거예요. 제발 나에게는 이런 순간이
오지 않기를, 나의 털북숭이 가족은 나이 들더라도 편안하게 잠든 상태에서
마지막 숨을 거두기를 바라실 거예요. 저도 진심을 담아 여러분들의 털북숭
이가 최대한 늦게, 그리고 편안하게 당신 곁에서 마지막 순간을 맞이하기를
바라요.

하지만 현실은 그렇지 않아요. 많은 이들에게 비극은 한순간에 찾아오죠.
예기치 못했던 사고가 생기거나 생명을 위협하는 중대한 질병이 생각지도
못한 순간에 발견되곤 해요. 그 순간 우리는 그동안 함께했던 긴 시간 동안
잊고 지냈던 중요한 사실을 떠올리게 돼요.

우리 모두 처음부터 알고 있었어요. 아이들의 수명은 길어봤자 20년, 그러

니 언젠가 털북숭이가 먼저 떠나는 순간이 오겠다는 것을 알고 있었죠. 하지만 먼 미래의 일이기에 현재에 충실했던 우리는 아이가 아프고 나서야 뒤늦게 이 사실을 떠올리게 돼요. 그리곤 참 시간이 빠르게 지나갔음에, 이제 털북숭이를 볼 날이 얼마 남지 않았음에 가슴이 아려와요.

질병에 힘들어하는 작은 털북숭이를 바라보며 더 이상 해줄 수 있는 게 없다는 것을 알게 되었을 때 우린 결정을 내려야 해요. 이제는 아이를 보내줄지, 아니면 마지막 순간까지 할 수 있는 모든 노력을 계속할지 말이에요. 어떤 상황에 안락사를 고민해야 하는지는 각 병원 혹은 수의사마다 정해놓은 기준이 있어요. 세부적인 내용은 다르더라도 아마 큰 틀은 비슷할 거예요. 진통제로도 잡히지 않는 통증이 있거나, 더 이상 치료 효과를 볼 수 없을 거라 판단되는 경우 등이죠. 하지만 이러한 상황이 되었다 하더라도 쉽게 결정할 수 없어요. 혹시나 기적이 일어나지 않을까 하는 희망, 아이의 바람과 다른 선택을 하는 건 아닌가 싶은 보호자로서의 죄책감, 그리고 오랜 시간 행복했던 그동안의 추억이 머릿속을 어지럽히거든요.

너무 힘들어하는 아이를 내 욕심으로 붙잡아서 더 힘들게 하는 건 아닌가 싶다가도, 조금 더 함께하고 싶어 떠나기 싫어하는 아이의 등을 억지로 떠미는 건 아닌가 싶어요. 다시 건강해지길 바라는 것도 아니고 그저 며칠만 더 얼굴 보고 머리를 쓰다듬으며 냄새를 맡고 싶을 뿐인데, 이 모든 게 아이를 고통 속에 방치하는 게 아닌가 싶기도 해요. 얼마나 아픈지, 지금 이 상황에서 스스로는 어떻게 하고 싶은지 제발 말을 해주었으면 하죠. 하지만 아이의 생각은 알 길이 없고 선택은 오롯이 나 혼자만의 몫이 되어요.

결국은 수의사 선생님께 많은 의지를 하게 돼요. 우리 아이가 지금 얼마나 아픈지, 앞으로 남은 시간이 얼마나 되는지, 이런 결정을 내리려는 내가 너무 이기적인 건 아닌지 등 많은 것을 물어보죠. 여러 연구 결과들과 그간의 경험을 바탕으로 답변을 드리긴 하지만 고민에 빠지는 건 수의사도 마찬가지예요. 오랫동안 돌봐온 환자라면 더욱 그럴 거예요. 털북숭이도 보호자도 마음의 준비가 되었는데 내가 너무 욕심내서 붙잡고 있는 건 아닌지, 아직 마음의 준비가 되지 않은 이들에게 내가 너무 섣불리 그런 결정을 권유하는 건 아닌지, 역시나 계속되는 고민에 빠져버리게 돼요.

결국은 오랜 시간에 걸친 상담과 고민을 통해 우린 결정을 하게 돼요. 아이를 보내주거나, 자연스럽게 마지막 숨을 거두길 기다리게 되죠. 그 어떤 결정을 내리더라도 후회하거나 자책하지 마세요. 어차피 정답이 없는 문제이고, 가장 중요한 건 바로 당신과 털북숭이의 의견이니까요. 털북숭이도 자신이 가장 사랑하며 믿는 존재인 '당신'이 오랜 고민 끝에 내린 결정을, 언제나 그래왔듯 꼬리 치며 받아줄 거예요. 아마 아이들도 알 거예요. 당신과 수의사가 함께 최선을 다했고 이 결정이 누구보다도 털북숭이 자신을 위한 것임을.

혹시라도 털북숭이를 먼저 보낸 경험이 있으신 분이 계시다면 부디 힘내시기 바라요. 너무나 큰 빈자리에 분명 생각보다 오랜 시간 많이 힘드실 거예요. 자식 먼저 떠나보낸 부모의 속은 까맣게 타들어 간다잖아요. 하지만 너무 오래 힘들어하시면, 무지개다리 건너편에서 당신만 바라보고 있을 털북숭이도 힘들어할 거예요. 나 때문에 내 인생의 전부인 존재가 심하게 힘들어한다면 기분이 어떻겠어요. 그러니 털북숭이를 위해서라도 부디 힘내시기 바라요.

수의사의 TIP

아끼며 보살피던 자신의 환자를 제 손으로 보내야 하는 수의사의 마음은 어떨까요? 당연히 털북숭이 가족분들에 비할 바 못 되겠지만 주치의 수의사에게도 참 힘든 일이에요. 주치의와 털북숭이는 오랜 시간 크고 작은 일들을 겪으며 아픔을 함께 이겨낸 사이죠. 그런 관계의 끝을 자신의 손으로 내리기엔 감정적으로 참 힘들지만, 이 또한 주치의로서 책임져야 하는 부분이라 생각해요.

어느 늦은 밤 2주 전에 무지개다리를 건넜던 아이의 보호자분들이 인사차 병원에 오셨어요. 그동안 고마웠다는 인사와 함께 작은 선물을 전해주고 가셨죠. 병원에 오는 것도, 저와 진료실에 앉아 이야기 나누는 것도 아이를 떠올리게 하여 많이 힘드셨을 거예요. 아니나 다를까 결국 눈물을 보이시며 대화를 마무리하였고 앞으로 다른 털북숭이를 입양하기엔 힘들거 같다는 말씀을 남긴 채 기약 없는 인사를 나누었죠.

정말 감사했어요. 비록 2~3년의 시간이었지만 많은 일을 겪으며 정이 많이 들었던 아이였거든요. 악성 종양으로 분명 많이 힘들었을 텐데 꿋꿋이 버텨주었기에 보호자분도 저도 더욱 힘낼 수 있었죠. 보호자분의 힘든 발걸음 덕분에 저는 정말 많은 힘을 얻었어요. 더 힘내서 많은 털북숭이 가족들을 행복하게 해주어야겠다 생각했죠.

만약 여러분도 이러한 상황이 된다면, 충분히 시간을 가진 뒤 아이의 이전 주치의 선생님을 찾아가 보세요. 분명 환하게 웃으며 맞이해 주실 거고 다른 사람과 나눌 수 없었던 아이와의 추억을 얘기할 수 있는 좋은 말동무가 되어 줄 거예요.

매일 개껌 주는데
그래도 양치질 해줘야 돼요?

사람과 달리 털북숭이의 치아 관리를 도와주는 제품은 참 다양해요. 제각기 다른 형태로 생긴 칫솔들뿐만 아니라 칫솔용 치약과 바르기만 해도 되는 치약, 마시는 물에 희석하는 제품도 있어요. 게다가 치아 관리용 뼈나 껌, 비스킷과 사료 등도 다양한 형태와 맛으로 판매되고 있죠. 사람에 비해 다양한 제품군이 나오는 이유는 그만큼 관리가 쉽지 않기 때문이에요.

그런데 선택의 폭이 넓어지면 역설적으로 더욱 결정하기 힘들어지죠. 이렇게 다양한 제품들 중 과연 우리는 무엇을 선택해야 할까요? 그리고 어떤 게 가장 효과가 좋을까요? 선택을 하기 앞서 각 방법들을 분류하고 각각의 특징에 대해 알아볼게요.

본론에 들어가기 전에 두 단어의 뜻을 미리 기억해 주세요.

플라크

치석의 이전 단계로 플라크가 쌓여 세균이 번식하게 되면 치석으로 발전하게 된다. 화장실에 생기는 미끈거리는 물때처럼 치아 표면에 얇은 막 형태로 생기는데, 쉽게 제거할 수 있다.

치석

플라크에 미네랄이 침착되어 돌처럼 단단해지는 것을 치석이라 한다. 강한 힘이 아닌 이상 쉽게 없어지지 않는다.

시중에 나와 있는 다양한 형태의 제품들은 작동 원리에 따라 크게 두 가지로 나뉘어요. 물리적인 방식과 화학적인 방식으로요.

물리적인 방식은 말 그대로 물리적인 방법으로 플라크나 치석을 제거해 주는 것을 의미해요. 가장 대표적인 방법이 바로 칫솔질이죠. 그 외에 개껌이나 치아 관리용 비스킷, 사료, 장난감 등이 이에 포함돼요.

우리는 칫솔질을 통해 우리가 정확히 원하는 곳의 플라크를 효과적으로 제거할 수 있어요. 쭙쭙이를 많이 하거나 습식 사료를 자주 먹는 아이들은 앞니에 집중 관리가 필요한데 앞니를 관리할 수 있는 최상의 방법이 바로 칫솔질이죠. 게다가 여러 위치에 존재하는 플라크 중 가장 해로워 우리가 꼭 제거해야만 하는 잇몸과 치아 사이에 숨은 플라크들을 제거할 수 있어요.

하지만 칫솔질을 허락해주는 털북숭이들이 많지 않다는 것이 가장 큰 단점이에요. 거부하는 아이들에게 억지로 강요하다 보면 누군가 피를 보게 될 수도 있어서 주의가 필요해요(대개 인간이 피를 보게 되죠). 게다가 체구가 작은 털북숭이들의 경우 입이 작아 칫솔질을 하기가 쉽지 않아요.

개껌, 치아 관리용 비스킷이나 사료, 장난감 등은 털북숭이들이 자발적으로 씹어서 사용하는 제품들이에요. 칫솔질에 비해 훨씬 강력한 턱의 힘을 이용하는 거죠(저작근의 힘이라고 하면 좀 더 유식해 보이겠죠?). 그래서 칫솔질로는 이미 생성된 치석을 없애지 못하지만 이런 제품들로는 치석을 없앨 수도 있어요. 강한 힘에 의해 치석이 깨져서 떨어지게 되거든요. 게다가 사용하기 매우 편해요. 피차간에 스트레스 없이 던져 주기만 하면 알아서 우적우적 물고 씹고 뜯으며 관리하는 방식이라 온 가족이 해피해져요.

하지만 역시나 단점이 있죠. 씹는 데 사용하는 어금니에만 효과가 있어요. 앞니나 송곳니, 그리고 상대적으로 앞쪽에 위치한 작은 어금니에는 효과가 거의 없어요. 털북숭이들은 무언가 씹을 때 주로 가장 뒤쪽에 있는 어금니들을 사용하거든요. 그리고 간혹 치아가 부러지기도 해요. 치아가 약한 아이들은 이런 유형의 제품을 쓰다 어금니가 깨지는 경우가 빈번해요. 또한 치아가 너무 작거나 식욕이 없는 경우, 해당 제품에 흥미가 없는 아이들에게는 억지로 이 방법을 적용할 수 없어요.

화학적인 방식은 플라크 형성을 억제하기 위하여 세균을 없애 주거나 치석 형성을 막기 위해 미네랄 성분을 없애 주는 방식이 있어요. 다양한 종류의 치약과 물에 타는 제품, 구강 세정제 등이 여기에 속하죠.

치약은 칫솔에 짜서 쓰는 타입과 칫솔질 없이 바르기만 해도 되는 타입으로 나뉘지만 사실 별 차이 없어요. 이런 구분은 치약 내에 연마제의 유무에 따라 나뉘는데 이런 의미 없는 차이보단 뭐가 더 효과적으로 세균을 없애주는지가 더 중요해요. 그런데 이보다 더욱 중요한 건 바로 맛이에요. 아무리 좋은 제품이라도 맛이 없으면 털북숭이들은 싫어해요. 그래서 나의 털북숭이 입맛에 딱 맞는 치약이 가장 좋은 치약이지 않을까 싶어요.

그런데 슬프게도 식이 알레르기가 심한 아이들의 경우 일부 치약들을 쓸 수 없어요. 기호성을 높이기 위해 넣는 성분들이 알레르기를 유발할 수 있기 때문이죠. 그래서 식이 알레르기가 있는 털북숭이는 치약의 성분을 잘 확인해 보고 구매하셔야 해요. 치약 외에 물에 타 주는 제품이나 구강 세정제도 이와 비슷한 장단점을 가져요.

자, 앞의 이론들을 바탕으로 생각해 보죠. 칫솔질로 음식물 찌꺼기와 플라크를 없애주고, 화학적 방식으로 세균과 미네랄을 줄여주고, 아이들의 턱 힘을 이용하는 제품을 주기적으로 사용하여 치석을 없애주는 것이 가장 좋겠죠? 그런데 원래 세상 모든 일이 그렇듯이 가장 이상적인 우리의 바람은 잘 이루어지지 않죠. 칫솔질을 못 하거나, 개껌을 씹어도 치석이 사라지지 않거나 하는 식의 변수가 꼭 생겨요. 그래서 각 가정의 상황에 따라 구성한 맞춤형 구강 관리 방식이 필요해요.

우선 아이의 치아와 잇몸을 확인해 주세요. 앞니와 송곳니, 그리고 작은 어금니와 큰 어금니를 빠짐없이 체크해 보세요. 만약 앞니나 송곳니가 안 좋다면 칫솔질을 가장 우선적으로 고려해 주세요. 안쪽 어금니가 안 좋다면 아이가 어금니를 활용하여 잘 씹을 수 있는 개껌이나 비스킷, 사료, 장난감 등을 다양하게 시도해 보세요.

그런데 만약 잇몸 상태가 너무 안 좋다면 물리적인 방식의 제품들은 사용하지 못할 거예요. 통증 때문에 털북숭이들이 거부할 가능성이 높거든요. 이럴 경우엔 화학적 방식만 사용해야 할 수도 있어요. 하지만 아무리 화학적 방식의 제품이 좋다 하여도 물리적인 방식이 가장 효과적인 구강 관리라는 점을 잊으셔선 안 돼요. 그 어떤 방식도 올바르게 진행되는 양치질의 효과를 뛰어넘을 수 없거든요. 그러니 잇몸의 통증을 치료하고 아이가 적응하기 시작하면 다시 물리적인 방식의 관리를 시도해 주세요. 힘드시겠지만 분명 더 좋은 결과를 얻을 수 있을 거예요.

그리고 가장 중요한 것! 바로 정기적으로 동물병원에서 구강 검진을 받는 거예요. 수의사 선생님과의 구강 검진을 통해 현재 털북숭이의 정확한 구강 상태를 파악해야 돼요. 이미 치석이 두껍게 쌓이고 잇몸과 뼈가 녹아내려 치아가 흔들리고 있다면, 그 어떤 홈 케어를 해도 소용없을 거예요. 스케일링과 잇몸 치료, 필요하다면 발치나 신경 치료를 해서라도 구강 상태를 회복시켜 놓고 난 뒤 그동안 소홀했던 구강 관리를 시작하시는 것이 좋아요. 이때 어느 치아를 어떻게 관리할 것인지 수의사 선생님에게 팁을 듣는다면 더욱 도움이 되겠죠!

늦었다고 포기 말고, 사랑스러운 강아지의 42개 치아를 건강하게 20세까지! 사랑스러운 고양이의 30개 치아를 건강하게 20세까지! 함께 노력해 보아요!

스테로이드는 쓰지 말아 주세요 간 망가지면 어떡해요?

'스테로이드'

여러분들이 의료계 종사자가 아니라는 가정하에 이 단어가 주는 인상이 어떤가요? 물론 아무런 생각이 안 드는 분들도 계실 거예요. 그런데 병원에서 진료하며 스테로이드를 쓰겠다고 말씀드리면 간혹 부정적인 반응을 보이시는 분들이 계세요.

"그거 꼭 써야 돼요? 간에 안 좋은 거 아니에요?"

그리고 일부 운동 좀 하시는 보호자분들은 이렇게 물어보세요.

"어? 그럼 얘 근육질 되는 거예요?"

스테로이드는 여러 물질들을 총칭하는 용어예요. 치료 목적으로 쓰이는 합성 스테로이드 물질 이외에도 다양한 성호르몬과 몸을 울끈불끈 근육질로 만들어주는 도핑 약물, 스트레스를 받을 때 몸 안에서 자연스럽게 나오는 호르몬도 모두 스테로이드에 속해요.

스포츠 경기에서 도핑 약물이 검출되어 자격 정지되었다는 기사를 본 적 있으시죠? 뿐만 아니라 헬스 좀 하시는 분들은 스테로이드 주사로 근육을 쉽게 키울 수 있다는 얘기도 들어보셨을 거예요. 이는 병원에서 흔히 약물로 쓰는 이화 스테로이드(Catabolic steroid)와는 반대되는 역할을 해서 근육을 키우고 신체에 털을 많이 나게 해요. 동화 스테로이드(Anabolic steroid)인 이 물질은 테스토스테론이라 불리는 남성 호르몬과 매우 유사한 구조를 가지고 있어 효과가 비슷한 편이에요. 하지만 병원에서 약물로 흔히 쓰이는 이화 스테로이드는 오히려 근육을 줄이고 인대를 약화시키며 탈모를 유발해요.

저와 같이 일반 진료를 보는 수의사 입장에서 이러한 동화 스테로이드를 쓸 일은 거의 없어요. 동화 스테로이드의 부작용을 감수하면서까지 털북숭이의 근육을 늘릴 필요가 없어서죠. 게다가 수컷 털북숭이들은 중성화 수술할 때 고환 자체를 제거해 버려요. 그래서 더 이상 남성 호르몬이 나오지 않게 되죠. 있는 것도 없애는 마당에 인위적으로 넣어줄 일은 잘 없어요.

사람과 마찬가지로 털북숭이에게도 여러 가지 성호르몬이 있어요. 위에서 언급한 테스토스테론을 포함하여 여성 호르몬인 에스트로겐, 프로게스테론, 그리고 스트레스 호르몬이라 불리는 코르티솔까지 매우 다양한 호르몬들이 몸에서 생성돼요. 제각기 다른 역할을 하지만 이들 역시 모두 스테로이드에 속해요.

중요한 건 바로 약물로 쓰이는 스테로이드죠. 우리가 병원에서 흔히 쓰는 스테로이드는 체내에서 자연적으로 생겨나는 스트레스 호르몬을 따라 만든 거예요. 일종의 합성 호르몬이죠. 그런데 스트레스 호르몬이 생체의 거의 모든 세포에 작용하는 아주 중요한 호르몬이다 보니, 이 아이를 따라 만든 합성 이화 스테로이드도 털북숭이의 모든 세포에 영향을 끼쳐요. 그래서 약물을 고농도로 오래 쓸 경우 여러 장기에 온갖 종류의 부작용들이 생기게 되죠.

부작용의 종류는 매우 다양해요. 흔히 알고 있는 간이 손상되는 것 이외에도 털이 뻣뻣해지고 탈모가 생겨요. 근육은 빠지지만 복부 지방이 늘어나고, 호흡근도 약해져서 호흡이 가빠지기도 해요. 구토와 설사 같은 소화기 증상도 나타나고 고혈압, 혈전증[11], 고지혈증을 유발해요. 당뇨를 악화시키며 우울하고 기력마저 떨어지는 행동 변화까지 유발하죠.

그렇다면 병원에선 이렇게 무섭고 위험한 약물을 도대체 왜 쓰는 걸까요?

첫 번째 이유는 스테로이드만큼 효과가 확실하고 빠른 약물이 없기 때문이에요.

병원에서 스테로이드 약물을 쓰는 상황은 대략 4가지 정도가 있어요. 염증이 심할 때, 환자 몸에서 면역 반응이 너무 활발하여 면역 체계를 조금 진정시켜야 할 때, 종양이 생겼을 때 그리고 체내에서 정상적으로 만들어져야 하는 스테로이드 호르몬이 어떠한 이유로 부족할 때예요.

염증이 심할 때 쓸 수 있는 소염제의 종류는 다양하지만 스테로이드만큼 빠르고 확실하게 염증을 잡아주는 약물은 현재까지 없어요. 그래서 염증으로

---

11) 혈관 내에서 혈액이 응고되어 혈관을 막아 문제를 일으키는 병

힘들어하는 털북숭이에겐 짧은 기간 동안의 스테로이드 약물 사용으로 많은 도움을 줄 수 있죠. 예를 들어 심각한 귓병으로 귓구멍이 퉁퉁 붓고 빨갛게 달아올라 가려움과 통증에 고통받고 있을 때! 스테로이드 처치 없이는 치료 기간이 길어지고 그만큼 고통받는 기간도 길어지게 돼요.

면역 반응이 너무 활발할 땐 면역 억제제가 필요해요. 평소 내 몸을 나쁜 것들로부터 지켜주는 면역 반응이 너무 과하게 작용하여 정상적인 본인의 장기를 손상시키거나 오히려 생명을 위태롭게 할 때가 있죠. 이럴 때 면역 능력을 일부 억제시켜야 하는데, 대부분의 면역 억제 약물은 효과를 발휘하는데 시간이 오래 걸려요. 일부 약물은 한 달 이상 써야지만 반응이 나타나는경우도 있죠. 그래서 이러한 상황에 스테로이드와 면역 억제제를 동시에 적용해요. 우선 스테로이드로 급하게 면역을 억제시켜 놓고 다른 면역 억제제의 효과가 나타나기를 기다리는 경우도 있어요.

이 외에도 스테로이드는 종양이 있을 때 항암제로 쓰거나 항암 치료를 받기 전 과민 반응을 억제하기 위해 쓰기도 해요. 또한 체내에서 스테로이드 호르몬이 생성되지 않는 질환(부신피질기능저하증 = 애디슨병)에서도 이를 대체해주기 위해 없어서는 안 될 소중한 약물이죠.

두 번째 이유는 스테로이드 약물로 인한 부작용들은 대개 고농도로 오랜 기간 써야 생기기 때문이에요.

짧은 기간만을 사용할 때는 물을 많이 마시고 소변을 많이 보거나 식욕이 늘어나는 수준의 부작용밖에 없어요. 물론 아이들에 따라 예민하게 반응하는 경우엔 그리 높지 않은 용량의 약을 썼음에도 불구하고 힘 없이 축 처지고 잠만 자는 경우가 있어요. 늘어난 식욕 때문인지 변의 구성 성분이 바뀌어서인지 변을 먹는 식분증이 생기는 경우도 있고, 가만히 앉아만 있어도 숨을 가쁘게 쉬거나 소변량이 너무 늘어나 평소 안 하던 소변 실수를 하는 경우도 있죠. 하지만 이러한 부작용이 생기는 경우는 드물고 치료 효과가 워낙 좋다 보니 이 정도의 부작용은 감안하고 쓰는 경우가 많아요. 하지만 다행인 건 약을 끊으면 대개 이러한 부작용들이 차츰 개선돼요.

모든 약이 마찬가지겠지만 스테로이드 역시 꼭 필요한 순간에만 써야 돼요. 그리고 예상 가능한 부작용이 당신의 아이에게 미칠 영향에 대해서도 미리 고려해 두어야죠. 여러분의 수의사 선생님 또한 그 부분을 충분히 고려하여 판단하실 거예요. 그러니 구더기 무서워서 장 못 담그면 안 돼요. 필요하다면 꼭 써야 하는, 없어선 안 될 소중한 약이 바로 스테로이드예요.

털북숭이의 치료에 도움이 되는 건 막연한 두려움과 의심이 아니에요. 주어진 처방을 빠짐없이 따르고 아이의 변화를 세심히 관찰하며 치료받는 아이를 격려하고 응원하는 것이 바로 여러분께서 해주실 일이에요. 그런 당신을 우리 수의사들이 응원하고 도울 테니, 소중한 털북숭이 가족을 위해 다 같이 힘내 보아요!

털북숭이가 뒷다리를 절어요!
슬개골 탈구 수술을 해야 되나요?

눈에 넣어도 안 아플 우리집 털북숭이가 갑자기 얌전해졌어요.

'왜 이렇게 얌전하지? 얘가 좀 피곤한가...' 하고 대수롭지 않게 생각할 때 털북숭이가 일어나서 화장실로 걸어가요. 그런데 뒷다리를 절룩거리네요! 뭐지? 이게 말로만 듣던 슬개골 탈구인가? 빨리 동물병원을 가야겠다 싶어 나갈 준비를 하며 '강아지가 다리를 절어요', '슬개골 탈구' 이런 키워드들을 검색하죠.

고양이 집사님들은 슬개골 탈구를 별로 걱정 안 하세요. 실제로 발생률이 굉장히 낮고 있다 하더라도 증상과 상관없는 경우가 많기 때문이죠. 이보다는 만성 관절염이나 골절, 근육이나 인대의 염좌[12]로 인해 주로 다리를 절어요. 드물게 발톱 관리가 안 돼서 발톱이 길어져 발바닥 패드를 찔러서 다리를 저는 경우도 있어요. 그래서 주기적으로 발톱을 잘라주거나 스크래쳐로 발톱을 스스로 관리할 수 있게 해줘야 하죠.

---

12) 갑작스러운 충격으로 근육이나 인대가 손상되는 것

하지만 강아지는 고양이에 비해 슬개골 탈구와 그로 인한 증상이 나타나는 경우가 훨씬 많아요. 하지만 고양이에 비해 많다는 거지 강아지 뒷다리 파행[13]의 원인으로 슬개골 탈구가 압도적인 건 아니에요. 하지만 보호자분들은 강아지가 뒷다리를 절면 대개 슬개골 탈구 때문이라고 생각하세요. 강아지 계에서 가장 유명한 질환 중에 하나이다 보니 그럴 수밖에 없죠. 하지만 오해예요.

다리를 절룩인다고 모든 털북숭이가 슬개골 탈구인 건 아니에요. 골반에서 허벅지, 무릎, 정강이, 발목을 지나 발가락까지 이어지는 뼈나 관절, 근육과 인대, 신경 등 어디에라도 이상이 있으면 다리를 절룩거릴 수 있기 때문이죠. 슬개골 탈구 질환이 워낙 유명하다 보니 대부분 슬개골 탈구를 의심하고 관련된 내용을 열심히 공부해 오세요. 하지만 막상 진료를 보면 슬개골 탈구가 아닌 다른 이유로 다리를 저는 아이들이 훨씬 많아요. 다리를 저는 경우 의심해 볼 만한 질병에 대해 설명해드릴게요.

첫 번째로 골절이 원인일 수 있어요. 골반뼈, 허벅지뼈, 정강이뼈, 발목뼈와 발가락뼈 어디든지 골절이 생길 수 있어요. 대개 골절이 있는 경우엔 외상이라는 명확한 이벤트가 있어요. 차에 치이거나 높은 데서 떨어지는 경우죠. 아, 산책 중에 발이 어딘가에 끼어서 부러진 아이도 있었어요. 이렇게 골절이 발생되면 해당 부위를 만지는 걸 매우 아파해요. 그런데 보통 아이들이 다리를 절면 보호자분들은 어디가 아픈 건지 확인하고 싶어 하죠. 그래서 여기저기 만지다 물려서 오시는 경우도 있어요. 그러니 뒷다리의 어느 부위가 아픈 건지 굳이 확인하려고 하지 마세요. 괜히 아이의 통증만 심하

---

13) 다리를 절뚝거리며 걷는 것

게 만드니까요.

아이들이 보이는 증상은 골절 부위에 따라 달라요. 골반이나 발가락뼈가 일부 부러지는 경우엔 절룩거리며 딛기는 해요. 하지만 허벅지나 정강이뼈가 부러지거나 골반과 발가락이 심하게 부러진 경우엔 아예 다리를 접어서 들고 다녀요. 이럴 때는 정말 주변으로 손을 뻗기만 해도 아파해요.

두 번째로 인대 단열이 원인일 수 있어요. 강아지 몸에 있는 인대 중에서 가장 자주 끊어지는 곳은 바로 십자인대예요. 허벅지뼈와 정강이뼈가 서로 엇갈리지 않고 잘 맞닿아있게 해주는 게 십자인대의 역할이에요. 그래서 십자인대가 끊어지면 그 자체만으로도 통증을 유발하지만 더 큰 통증은 다리를 땅에 디딜 때 나타나요. 다리를 딛는 순간 허벅지뼈와 정강이뼈가 서로 엇갈리게 되고 이로 인해 무릎 주위 구조물에 큰 통증을 유발하죠. 그래서 다리를 딛자마자 들고, 다시 딛자마자 드는 패턴을 보여요.
십자인대가 끊어지면 무릎이 부어오르고 허벅지뼈와 정강이뼈의 결합이 불안정해져요. 동물병원에서 신체검사를 통해 진단이 가능하죠. 하지만 이를 집에서 체크하기엔 어려워요. 게다가 골절과 마찬가지로 검사할 때 아이들이 엄청 아파하기 때문에 의심된다 하더라도 집에서 무리하게 확인해 보려고 하지 마세요.

세 번째로 탈구가 원인일 수 있어요. 탈구란 뼈가 원래 위치에서 벗어나 있는 것을 의미해요. 강아지에게 자주 발생하는 부위는 무릎과 고관절이에요. 슬개골 탈구는 1~4단계로 나뉘는데, 가장 심한 4단계가 되어도 전혀 증상이 없는 아이들도 있어요. 특히나 천천히 진행되는 아이들은 탈구가 있는지도 모르는 분들도 많으세요. 하지만 공놀이를 하다가 혹은 점프하다 급성으로 탈구가 생길 경우엔 명확한 증상을 보여요. 계속 다리를 절룩거리며 다니죠.

이러한 급성 탈구를 제외하고 만성 슬개골 탈구에서 가장 흔한 증상은 바로 무증상이에요. 그다음이 '간헐적'인 파행이죠. 슬개골이 빠져있을 땐 다리를 불편해하지만 다리를 쭉 펴면 원위치로 돌아오는 경우가 많고, 그러면 다시 정상적인 보행 모습을 보여요. 그래서 깨금발을 딛다가도 금세 다시 잘 걷는 모습을 반복한다면 슬개골 탈구일 가능성이 높아요. 이런 독특한 증상 말고도 집에서 뒷다리의 발바닥을 씻길 때 무언가 '툭툭' 거리는 느낌이 든다면 이 역시 슬개골 탈구의 전형적인 증상이에요.

그다음으로 흔한 것은 고관절 탈구예요. 골반뼈에서 허벅지뼈가 빠지는 것을 의미해요. 앞으로 빠지냐 뒤로 빠지냐에 따라 아이들이 취하는 자세와 교정 방법이 다른데, 거의 대부분 앞으로 빠져요(고관절 탈구를 수술 없이 치료하기 위해서 저희 병원을 찾아오시는 분들이 꽤 많으신데, 뒤로 빠진 아이는 저도 한 번밖에 못 봤어요. 그만큼 드물어요). 허벅지뼈가 앞으로 빠지면 다리를 곧게 편 상태에서 발끝을 앞쪽의 안쪽으로 뻗고 있어요. 마치 발레의 '바트망 탕뒤'에서 발을 앞으로 뻗는 순간 같은? 고관절 탈구는 슬개골 탈구와 같이 보행에 따라 자연스레 제 위치로 돌아가지 않아요. 그래서 계속 발레 동작을 하고 돌아다니죠.

네 번째로 만성 관절염이 원인일 수 있어요. 관절염은 주로 노령인 아이들에게서 많이 관찰돼요. 고관절(골반에서 허벅지), 무릎 관절(허벅지에서 정강이), 발목 관절 세 군데 중에 주로 고관절에 염증이 많이 생겨요. 그런데 웬만큼 심해지지 않는 이상 증상이 보이지 않는 편이에요. 그래서 신체검사를 하다 혹은 다른 이유로 방사선을 찍다 우연히 관찰되는 경우가 많죠. 대개 양쪽에 동시에 발생되기 때문에 티가 잘 안 나지만, 간혹 한쪽에만 오는 경우엔 다리 근육의 두께가 달라져요. 미약한 통증이 지속되어 본능적으로 그 다리를 잘 안 쓰게 되어 근육이 얇아지는 거죠. 하지만 털북숭이들은 사람과 달리 네 발로 다니기에 한 발에 무게를 덜 지탱해도 보행에 크게 티가 나지 않아요. 사람처럼 두 발로 걸어 다니면 한쪽에 무게를 덜 지탱하면 금방 티가 날 텐데 말이에요. 무리해서 뛰거나 오래 걸은 뒤, 혹은 오래 앉아있다 일어나서 다리를 일시적으로 불편해하거나 다리에 떨림이 있다면 만성 관절염을 의심해 보는 게 좋아요. 사람의 만성 관절염과 증상이 매우 유사하죠?

마지막으로 염좌가 원인일 수 있어요. 뼈가 부러진 것도 아니고, 인대가 끊어진 것도 아니고 탈구도 없는데 다리를 절룩인다면? 대개 단순한 염좌로 판단해요. 정확히 어디가 아픈지 알려주질 않으니 알기 어렵지만 진통 소염제를 먹으며 시간이 지나면 대개 자연스레 돌아오죠. 이건 굉장히 주관적인 경험담인데요. 집에서 열심히 다리를 절다가 병원에만 오면 아무렇지도 않은 듯 잘 걸어 다니는 아이들이 있어요. 이런 아이들은 대개 염좌인 경우가 많아요. 골절이나 탈구, 인대 단열은 병원에서 아무렇지 않은 척 걸을 수가 없어요. 너무 아프거든요. 해부학적으로 불가능하기도 하고요. 그런데 염좌는 이 악물고 참으면 숨길 수 있나 봐요.

집에서 난생처음 들어보는 비명 소리에 한 번 놀라고, 절뚝거리는 행동에 두 번 놀라서 병원에 뛰어왔더니 아무렇지 않은 듯 종종걸음으로 돌아다니는 털북숭이를 보면, 허탈함에 배신감마저 들어요. 산책 나가자고 연기한 게 아니에요. 지옥에서 온 하얀 옷의 악마가 자기를 엄마 아빠 없는 이상한 곳으로 끌고 들어갈까 봐, 아파도 꾹 참고 아무렇지 않은 척 연기하는 거죠

(네, 맞아요. 하얀 옷 입은 악마는 저예요. 수의사죠). 그러다가도 다시 집에 돌아가면 또 보란 듯이 다리를 절룩거려요. 어이구.

그러니 너 왜 아픈척했어! 하며 화내지 마시고 괜찮으니 너무 무서워하지 말라고 다독여주세요. 아픈 곳을 숨겨야 하는 동물적 본능에, 악마의 손에 끌려가기 싫은 연약한 마음으로 하는 행동이니까요.

이렇게 다리를 저는 것만으로도 생각해 봐야 할 질병과 부위가 많아요. 물론 앞에서 말씀드린 것처럼 특징적인 증상을 갖는 경우도 있지만, 100% 확실한 것은 아니기에 검사를 통해 진단을 내려야 하죠. 특히나 고관절에 만성 관절염이 있고 슬개골 탈구도 있는데 염좌가 생긴 경우, 어디 때문에 증상이 나타난 것인지 확신하기가 참 쉽지 않아요. 그래서 평소 걸음걸이와 병력, 근육의 두께와 증상이 나타난 시기, 증상 발현 전 있었던 사건 등 여러 가지 정황을 함께 파악해서 결론지어요.

그러니 다리를 전다고 해서 무조건 슬개골 탈구부터 의심하지 마세요. 잘 걷다 깨금발, 다시 또 잘 걷다 깨금발. 이런 행동이 반복된다면 슬개골 탈구 의심 인정! 하지만 절룩 거리기만 한다면 다른 질환을 먼저 의심해야 돼요.

아! 그리고 한 가지 팁을 드리자면, 평소에 아이의 슬개골 상태가 어떤지 나이가 들었다면 고관절의 모양이 변형되지는 않았는지 수의사 선생님께 미리 체크해 달라고 요청해 보세요. 간단한 방사선 사진 몇 장으로 현재의 무릎과 고관절 상태를 쉽게 파악할 수 있어요. 증상이 없을 때 찍은 방사선 사진이 있으면, 다리를 아파할 때 찍은 방사선 사진과 비교하여 어디가 얼마나 안 좋아진 건지 쉽게 파악할 수 있어요.

우리의 가족, 털북숭이가 정기적으로 건강검진을 받을 수 있게 해주세요! 정기적으로 건강검진을 받는다면 질병이 너무 심각해지기 전에 찾을 수 있다는 장점도 있지만, 털북숭이가 큰 질환이 생겼을 때 이전 검사 자료와 비교하여 질환의 진행 속도를 예측해 볼 수 있다는 장점도 있어요. 이는 치료에 큰 도움이 되니 '건강할 때 받는 건강검진'에 대해 쓸데없다고 생각하지 말아주세요.

까만 똥? 빨간 똥?
하얀 똥?

당신의 털북숭이의 똥은 무슨 색인가요?

매일 일정한 사료와 간식만 먹는 아이들은 변 색깔도 거의 일정할 거예요. 대부분 황금 바나나색에서 진한 갈색, 이른바 똥색에 이르는 범위 내에 속할 거예요. 그런데 이 범위를 벗어나는 변 색깔이 보일 때가 있어요. 굉장히 중요한 포인트인데 잘 모르시는 분들이 많아요. 그중 특히나 중요한 까만 똥, 빨간 똥, 하얀 똥! 세 가지 색깔에 대해 알려드릴게요.

우선 비정상적인 변의 색깔에 대해 이야기하기 전에 정상 변 색깔이 왜 똥색인지 아시나요? 그 특유의 똥색은 담즙 혹은 쓸개즙이라 불리는 액체 때문이에요. 담즙은 간에서 만들어져 담낭(쓸개)에 저장되어 있어요. 그러다 음식물이 소장으로 내려오면 장 내부로 담즙이 분비돼요. 담즙은 지방을 소화시키는 역할을 하거든요. 간혹 공복에 토를 했는데 진한 갈색이나 초록색 액체가 나올 때가 있죠? 담즙이 위로 역류해서 구토로 나오는 경우인데, 담즙 색이 진한 갈색 혹은 초록색이라 그래요. 이러한 담즙이 소장 내로 분비되어 장 내의 세균 및 음식물과 만나면서 특유의 똥색을 만들어 내는 거예요.

그런데 만약 담즙이 없다면? 하얀 똥 혹은 회색 똥이 나와요. 간혹 뼈를 많이 갈아먹은 경우 뼛가루 때문에 하얗게 변이 나오는 경우도 있어요. 하지만 뼈를 갈아먹은 적이 없다면 담즙이 소장 내로 배출되지 않아서 그래요. 그래서 하얀색의 변은 담즙 분비에 이상이 있음을 의미하고, 이럴 경우 바로 병원에서 체크해 봐야 돼요. 담즙은 어쩌다 안 나올 수도 있는 그런 장기가 아니기에 심상치 않은 질병이 있을 수 있거든요. 담즙이 나오는 관을 담관이라 하는데 이 담관이 막힌 경우가 이에 속해요. 담관에 종양이나 결석, 염증으로 인한 폐색이 있는 경우이죠. 이때 빠른 치료가 동반되지 않으면 예후가 매우 불량해질 수 있어요. 그러니 좀 더 지켜볼 게 아니라 바로 병원으로 데리고 오셔야 해요.

"어라? 우리 아이는 담낭 제거 수술을 했는데 변이 일반 똥색인데요? 담낭을 제대로 안 뗀 건가요?"

충분히 오해하실 수 있어요. 앞에서 잠깐 언급했지만 담낭은 담즙을 만들어 내는 장소가 아니라 임시 보관하는 주머니예요. 담낭의 역할은 간에서 만들어진 담즙이 24시간 내내 흘러나오지 않게 주머니에 저장해 두었다가 필요한 시점에 다량 분비되도록 하는 것이죠. 그래서 담낭 제거 수술을 하면 필요한 적시에 나오는 게 아닌 간에서 만들어지는 즉시 졸졸 흘러나오는 상태가 돼요. 그래서 변 색깔이 여전히 똥색인 거죠. 수술을 잘못 받은 게 아니니 걱정 마세요.

빨간 똥은 많이들 아실 거예요. 바로 피똥이죠. 변에 피가 묻어있다는 건 소장이나 대장 내부 어딘가에 출혈이 있다는 걸 의미해요. 심한 장염으로 출혈이 있을 수도 있고, 혈액을 응고시키는 기관에 문제가 생겨 장 내 출혈이 있을 수도 있어요. 혹은 현재 복용 중인 약이 위에 궤양을 일으켰거나 소화기 어딘가에 종양이 있어도 피가 날 수 있어요.

그런데 장 내부엔 온갖 종류의 세균들이 살고 있고 이들이 뿜어내는 독소가 항상 존재해요. 장 내부 어딘가에서 피가 난다는 것은 그곳을 통해 세균이나 독소가 혈관으로 침투할 수 있다는 걸 의미해요. 끔찍하죠. 그래서 가볍게 생각했던 장염인데도 염증 수치가 치솟고 심한 기력 저하와 저혈압까지 생기는 경우가 있어요. 특히나 나이 많은 아이들은 이로 인해 여러 장기들이 손상되기도 해요. 그래서 변에 혈액이 보인다 싶으면 바로 병원에 데려가시거나 컨디션을 주의 깊게 살펴보셔야 해요. 물론 먹는 것과 스트레스만 조심해도 자연스레 나을 순 있겠지만, 그렇지 못할 수도 있으니 너무 안일하게 생각하시면 안 돼요.

까만 똥은 그럼 언제 나오는 걸까요? 바로 출혈이에요. 근데 이상하죠? 방금 앞에서 장 내부에 출혈이 있다면 빨갛게 나온다고 했는데?! 네, 맞아요. 피가 장에서 흘러나와 항문으로 나오기까지 시간이 짧으면 빨간 똥이 나오죠. 하지만 피가 장 내부에서 소화될 정도로 오랜 시간을 머물게 되면 까맣게 변해서 나와요.

즉 구강, 식도, 위, 상부 소장에서 출혈이 있으면 변이 마치 연필심처럼 까맣게 나와요. 피에 들어있는 빨간 색소(헤모글로빈)가 장 내에서 소화 효소와 여러 미생물들을 만나 까맣게 변하거든요. 그래서 구강에 종양이 있어서 출혈이 계속 있을 경우, 식도가 이물질로 찢어졌을 때도 까만 똥이 나와요. 또한 장 내 출혈을 일으키는 장소가 소화기 상부에 국한되어 있다면 까만 똥이 나오죠. 간혹 코 안쪽 구조물(비강)에 종양이나 외상으로 출혈이 생긴 경우에도 흘러나오는 피를 계속 삼켜서 까만 똥이 나오는 경우도 있어요.

그런데 질병으로 인한 이상 이외에 정상적인 경우임에도 불구하고 까만 똥이 나오는 경우가 있어요. 대표적으로 철분 영양제나 블루베리, 비트 등을 먹었을 때예요. 이들이 가지고 있는 특유의 색상 때문에도 까만 똥이 나올 수 있어요. 그러니 털북숭이의 변이 까만 똥이라면 혹시 최근에 먹은 것 중에 이러한 성분이 있는지 확인해 봐야 해요.

앞에서 설명한 변 색깔은 변의 형태와는 상관없어요. 아무리 변의 형태가 정상이라 해도 위와 같은 색깔이 나온다면 이상이 있는 거예요. 형태가 뭉개지지 않고 휴지로 싸서 집으면 예쁘게 들리는 그런 변이라 할지라도 까만 색이라면 병원부터 데리고 가셔야 해요. 실제로 형태가 정상이란 이유로 흑변임에도 불구하고 제때 치료를 받지 못해 극심한 빈혈로 수혈까지 진행한 아이도 있었어요. 그러니 오늘부터 우리 털북숭이의 변 색을 유심히 살펴보며 건강 상태를 체크해 주세요!

수의사의 TIP

색깔의 변화 이외에 가장 많이 물어보시는 질문은 바로 대변 속 투명한 점액질이 도대체 뭐냐는 거예요. 여러분은 보신 적 있으신가요?

털북숭이의 변을 치우다 보면 가끔 점액질의 끈끈한 것이 섞여 나올 때가 있어요. 이를 보고 어떤 보호자분은 아이가 젤리를 훔쳐먹은 거 같다고 하셨고, 또 다른 분은 우리가 먹는 곱창의 곱처럼 장벽이 깎여나온 거 아니냐고 걱정하셨죠.

투명한 콧물 같기도 하고, 젤리 같기도 한 이 물질은 정상적인 장에서 분비되는 물질이에요. 장 내부에 대변이 미끄럽게 빠져나오도록 분비되는 윤활액의 일종이라 생각하면 돼요. 그런데 가끔 이 윤활액이 뭉쳐있다 나오거나 어떠한 이상으로 과도하게 분비되는 경우에 우리 눈에 띄게 되죠.

그래서 가끔 똥에 점액질이 묻어 나오는 건 괜찮아요. 정상적인 거니까요. 그런데 너무 과도하게 흘러나온다면? 장에 염증이 생겨 윤활액이 과도하게 분비되는 것일 수 있으니 참고해 주세요.

2장
털북숭이 의식주에 대한 오해

ABC 초콜릿 하나 먹으면
구토시켜야 하나요?

"체중 5kg의 건강한 말티즈가 ABC 초콜릿 한 개를 30분 전에 먹었어요.
구토시켜야 할까요?!"

강아지나 고양이가 먹어선 안 되는 것을 먹고 오면 저희는 '이물 섭취'라고
해요. '이물질을 먹었다' 뭐 이런 의미죠. 이러한 '이물 섭취'는 대개 어린아
이, 혹은 상습범(?)에게서 자주 발생해요. 그동안 한 번도 이물 섭취를 한
적이 없는 나이가 지긋한 노령견은 이런 일이 좀 드문 편이죠(고양이는 나이
가 들어도 '실' 비슷한 것들을 먹고 오는 경우가 있어요). 그래서 아이들이 구토를 해
서 오는 경우 어린 나이이거나, 최근에 쓰레기통을 뒤졌거나, 혹은 뭔가를
입에 물고 장난치는 모습을 본 적이 있다면 이물 섭취 가능성이 있다고 판
단해요. 물론 나이가 많아도 구토 횟수나 내용물, 토사물의 양에 따라 이물
섭취를 의심할 수도 있어요. 하지만 의학은 예상되는 질병에서 가능성이 높
은 순서대로 검사를 진행하게 되어있어요. 그래서 질병 발생 가능성을 따져
보는 것이 꽤 중요하답니다.

10년 정도 동물병원에서 일을 하다 보니 참 다양한 이물질들을 만났어요.

자두씨, 일회용 마스크, 운동화 끈, 자갈, 500원짜리 동전, 칫솔 손잡이, 낚싯바늘, 재봉 바늘, 게임기 조이스틱 등등. 그뿐만 아니라 보호자분의 피임약이나 콘돔을 먹고 온 아이도 있었어요(좀 특이한 경우지만 제가 예전에 일하던 병원엔 양말이나 버선, 스타킹만 집요하게 노리는 '연쇄 양말 섭취범'이 있었어요. 그 아이는 구토 처치 다섯 번에 개복 수술 두 번, 그리고 내시경도 한 번 했답니다).

그런데 이렇게 소화가 안 되는 이물들도 많지만 이보다 '누구나 아는, 강아지가 먹어서는 안 되는 음식'들을 먹고 오는 경우가 더 많아요. 가장 대표적인 것이 바로 이 세 가지예요.

초콜릿, 포도, 파와 마늘

이 유명한 독성 삼대장 중에서도 월등히 높은 비율을 차지하는 것은 바로 초콜릿이죠. 대다수의 보호자분들이 아주 소량의 초콜릿을 먹어도 큰 문제가 생긴다고 오해하시지만 사실은 그렇지 않아요.

우선 초콜릿을 먹었을 때 보호자분께서 생각해 주셔야 할 것이 있어요.

🐾 털북숭이가 초콜릿을 먹었을 때

1. 언제 먹었나?

2. 얼마나 먹었나?

3. 무슨 종류의 초콜릿인가. 화이트? 밀크? 다크?

아이가 초콜릿을 먹은 게 의심된다면 무조건 이 세 가지를 파악하셔야 해요.

첫 번째로 '언제 먹었나'
수의사들이 구토 처치로 빼낼 수 있는 건 어디까지나 '위' 안에 있는 것들이에요. 그러다 보니 위를 지나 소장으로 넘어간 이물은 구토로 빼낼 수가 없어요. 그럼 언제 소장으로 넘어가느냐. 1~2시간, 즉 무언가를 먹고 1~2시간이 지나면 대개는 구토로 빼낼 수가 없어요. 하지만 과식을 했거나 다른 이상으로 위의 운동 속도가 떨어져 있다면 3~4시간이 지나도 위에 남아있을 수 있어요.

두 번째로 '얼마나 먹었나'
초콜릿을 먹으면 안 되는 이유는 바로 초콜릿 속의 '테오브로민(Theobromine)'이라는 성분 때문이에요. 이 테오브로민은 우리가 흔히 즐겨 먹는 커피 속의 '카페인'과 매우 유사하게 생겼어요. 그래서 초콜릿을 먹은 아이들은 마치 에스프레소 열 잔을 마신 사람처럼 변해요. 속이 쓰리고 과하게 흥분하거나 심장이 빨리 뛰죠. 더 심해지면 발작을 하거나 혼수상태에 빠지고 간혹 사망하기도 해요. 그런데 개미 눈곱만큼 먹은 아이랑, 코끼리 똥만큼 먹은 아이는 당연히 차이를 보이겠죠. 그래서 되도록이면 얼마나 먹었는지 수치적으로 알면 좋아요. 몇 개 혹은 몇 그램을 먹었는지 말이에요.

마지막으로 '무슨 종류의 초콜릿인가'
간단히 말해 색이 진할수록 위험해요. '테오브로민'은 색이 진할수록 고농도로 들어있기에 사실상 화이트초콜릿은 먹어도 그로 인한 큰 문제가 발생되진 않아요. 당연히 다크초콜릿이 가장 위험해요.

자, 그럼 이제 글의 첫 문단에 나온 문제를 풀어봅시다.

우선 먹은지 30분밖에 되지 않았으니 구토 처치를 하는 것은 의미가 있어 보입니다. 그런데 ABC 초콜릿 한 개면 양은 매우 적네요. 몇 그램이나 될까요? 3g? 그리고 ABC 초콜릿은 색이 연하고 쓴맛이 적죠. 그럼 밀크초콜릿이겠네요. 밀크초콜릿 3g이 위 안에 있다. 그럼 구토를 시켜야 할까요?

정답은?

수의사 선생님과 상의해 주세요!

하지만 저라면 그냥 지켜볼 거 같습니다. 양도 적고 밀크초콜릿이니 테오브로민 함량도 적을 테니까요. 하지만 만약 손바닥만한 다크초콜릿을 다 먹었다면? 물어보고 말고 할 것 없이 바로 동물병원으로 데리고 뛰세요. 당신이 고민하는 사이에 초콜릿은 아이의 혈관으로 흡수되고 있을 거예요. 조금이라도 더 많이, 그리고 빨리 구토를 시켜야 해요.

수의사의 TIP

실제 초콜릿을 먹은 강아지의 진료를 볼 땐 앞의 세 가지뿐만 아니라 초콜릿에 들어 있는 부재료 및 이물 섭취 환자의 기저질환 등 고려해야 할 것들이 많아요. 초콜릿은 지방 함량이 매우 높기 때문에 '테오브로민'으로 인한 심장이나 신경계 문제가 아닌 췌장염이나 위장염이 오는 경우도 많아요. 그래서 단순히 "밀크초콜릿은 체중당 몇 g을 먹으면 안 돼요!" 혹은 "화이트초콜릿은 먹어도 괜찮아요!"라고 말씀드릴 수가 없어요. 반대로 해석해서 "그 이하는 괜찮아요!"라고 오해하시는 분들이 많을까 봐요.

혹시 그런 답을 원하셨다면 죄송해요. 그 부분은 수의사가 종합적으로 판단해야 할 영역이라 생각해요. 그러니 먹은 양이 애매하다 싶으면 우선 병원에 방문하여 체크 받아보시는 걸 추천드려요.

마지막으로 초콜릿을 한 번 맛본 아이들은 더욱 조심해 주세요. 단맛을 알아버린 아이들은 더욱 주의가 필요한 법입니다.

바닥이 미끄러우면
슬개골 탈구 생긴다면서요?

통계청에서 실시한 '2020년 인구주택총조사'에 따르면 우리나라 전체 가구 중에 반려동물과 함께 사는 가구의 비율은 15%로 대략 320만 가구 정도라고 해요. 그중 220만 가구가 강아지와 함께 산다고 하니 전체 반려동물 가구의 약 70%를 차지하는 것으로 확인되었어요.

이렇게 강아지를 가족으로 맞이한 분들이 많다 보니 자연스레 이들을 타깃으로 한 여러 아이디어 제품들이 나오고 있어요. 그중 특히나 강아지 보호자분들이 두려워하는 슬개골 탈구를 예방 혹은 치료하기 위한 제품들이 다양하게 출시되었죠. 각종 마사지 방법과 보조기구, 운동법, 보조제 등 여러 종류의 제품들이 있는데 그중 가장 대표적인 것이 바로 미끄럼 방지 매트가 아닐까 싶네요. 그런데 여러 판매처에서 슬개골 탈구가 미끄러운 바닥 때문에 발생한다고 말하며 매트의 필요성을 강조하더군요. 여기서 보호자분들이 오해하시는 부분이 있어 이 오해를 풀어볼까 해요.

자, 그럼 한번 생각해 볼까요? 어떤 가정에서 오랜 고심 끝에 비숑 프리제 한 마리를 가족의 막내로 맞이하기로 했어요. 그런데 입양 전부터 주변 반려인들이 슬개골 탈구 생기면 애도 고생하고 너도 고생하고 지갑도 고생하니 미리 미끄럼 방지 매트를 깔아놓으라고 하네요. 걱정되어 인터넷에 찾아보니 정말 많은 아이들이 슬개골 탈구로 고생을 하고 있어 큰마음 먹고 거실 전체 바닥에 매트를 깔기로 했어요. 자 그럼, 이 아이는 슬개골 탈구가 안 생길까요?

실제로 많은 분들이 슬개골 탈구가 발생하는 이유를 '미끄러운 바닥' 때문이라고 생각하세요. 그런데 그건 잘못된 생각이에요. 어느 정도 기여하는 바가 있기는 하지만 실제로는 더 큰 원인이 존재해요. 바로 '유전자'예요. 슬개골 탈구가 발생하는 가장 큰 원인은 바로 부모견 중 누군가 슬개골 탈구의 유전자를 물려주었기 때문이라는 거죠.

실제 여러 수의학 서적들을 찾아보면 슬개골 탈구 자체를 유전성 질환으로 간주하고 있어요. 그중 일부만 '외상'으로 인한 것으로 판단해요. 여기서 외상은 누구에게 맞았다기보단 교통사고, 미끄러짐, 점프 등으로 인한 외부 충격을 말해요. 실제 저희 병원을 찾아오는 수많은 슬개골 탈구 환자들도 대부분은 유전적인 이유로 발생하였어요. 정확히 통계를 내보진 않았지만 슬개골 탈구 환자 10마리 중 9마리는 유전성으로 슬개골 탈구가 시작된 케이스예요.

그럼 유전성과 외상성은 어떻게 구분하는 걸까요?

유전자 검사를 통해 알아보면 참 좋겠죠. 하지만 아직까지는 이에 대한 연구가 이루어지지 않은 시점이라 불가능해요. 그래서 유전자 검사가 아닌 다른 방법으로 이를 구분해요.

바로 '탈구가 악화되는 속도'와 '대칭성'이에요. 유전성 슬개골 탈구는 갑자기 며칠 만에 악화되지 않아요. 슬개골 탈구는 1단계에서 4단계로 나뉘는데 그 단계가 급격히 변하지 않는다는 거예요. 아이들에 따라 다르긴 하겠지만 대개 몇 개월 혹은 몇 년에 걸쳐 한 단계씩 올라가게 돼요. 간혹 일정 단계에서 더 진행되지 않는 경우도 있어요. 이렇게 천천히 진행되다 보니 탈구에 적응이 되는 아이들이 대부분이에요. 그래서 탈구가 진행되어도 증상이 없는 경우가 많죠.

하지만 외상성은 외상이 발생된 시점으로부터 갑자기 심한 증상을 보이며 단계가 급상승하게 돼요. 예를 들어 7살인 아이가 슬개골 탈구가 없다는 걸 몇 개월 전에 확인받았는데 공놀이하던 도중 깨갱하더니 다리를 절고 3단계 탈구로 진단받았다면? 이 아이는 외상성 슬개골 탈구로 진단이 가능하겠죠.

여기서 헷갈리시면 안 되는 건 바로 단계와 증상을 구분해야 한다는 거예요. 인대나 근육의 손상, 관절염 등이 함께 발생하지 않는 이상 슬개골 탈구만으로 증상을 보이는 경우는 적어요. 특히나 어릴 때부터 탈구가 시작되는 아이들은 탈구가 4단계가 될 때까지 증상이 한 번도 나타나지 않기도 해요. 오히려 나이가 좀 들어서 슬개골 탈구가 시작되면 1~2단계 정도에서만 간혹 뒷다리를 안 딛는 증상을 보이죠. 이런 아이들도 3~4단계가 되면 오히려 증상이 사라지며 정상적인 것처럼 보여요. 일부 보호자분들은 이런 모습을 보고 슬개골 탈구가 나았다고 오해하세요. 하지만 안타깝게도 슬개골 탈구는 수술 없이는 나아질 수 없어요.

또한 대칭성도 중요해요. 유전성은 대개 양쪽 뒷다리에 비슷한 정도로 영향을 끼치기에 왼쪽과 오른쪽 슬개골 탈구 단계가 비슷해요. 서로 같은 단계이거나 한 단계 정도 차이가 날 뿐이죠. 하지만 외상성은 달라요. 왼쪽은 3단계 탈구인데 오른쪽은 탈구가 없다면? 왼쪽 다리의 슬개골 탈구 원인은 외상성일 가능성이 높죠.

하지만 전혀 탈구가 없던 상황에서 외상성으로 탈구가 생기는 경우보단, 유전성으로 1~2단계의 슬개골 탈구를 지니고 있던 아이들이 외상성으로 심화되는 경우가 훨씬 많아요. 신나게 뛰어놀다 깨갱하더니 왼쪽 다리를 절어요. 체크해 보니 왼쪽은 3단계 탈구에 무릎이 많이 부어있고, 오른쪽은 2단계 탈구에 무릎이 붓지 않았다면? 유전성 탈구가 있었던 아이가 외상성으로 왼쪽만 심화된 것일 가능성이 높겠죠.

이렇게 원인을 나누는 이유는 바로 치료 여부 때문이에요. 이 부분은 아마 수의사 선생님마다 의견이 다를 거 같아요. 외과를 전공한 저는 아래 3가지 요인일 때만 수술을 권유해 드려요.

🐶 수술을 진행해야 하는 경우

1. 어린 나이에 빠르게 진행되는 슬개골 탈구
2. 단계에 상관없이 임상 증상이 2주 이상 지속되는 경우
3. 증상 유무와 상관없이 3~4단계의 슬개골 탈구

위 세 가지 조건 중 해당되는 것이 없다면 수술을 권유해 드리지 않아요. 그런데 대개 외상성의 경우 발생 직후 2~3단계가 되고 이후부터 빠르게 3~4

단계로 넘어가요. 게다가 진통 소염제를 써도 증상이 오래가기 때문에 대개 수술을 권유해 드리고 있어요. 단계가 올라갈수록 수술 후 재탈구나 후유증의 가능성이 높아지기 때문에 되도록이면 빨리하는 게 좋거든요.

간혹 어차피 진행될 거면 그냥 빨리 수술해 버리는 게 좋지 않냐고 물으시는 분들이 계세요. 모든 슬개골 탈구가 최종적으로 4기로 진행된다면 맞는 말이겠죠. 하지만 그렇지 않아요. 평생 1~2단계로 유지되면서 증상도 한 번 없는 아이들이 있어요. 이런 아이들은 위의 3가지 조건에 부합되지 않기에 수술이 불필요하죠. 그래서 검사 당시에 위 조건 중 하나라도 해당되는 아이에게만 수술을 권해드려요.

엄밀히 말해서 미끄러운 바닥 때문에 슬개골 탈구가 '발생된다'가 아닌, '심각해질 수 있다'가 맞는 표현이에요. 결국 범인은 유전자라는 거죠. 바닥이 미끄럽지 않도록 하는 게 의미 없다는 건 아니에요! 오해하지 마세요. 슬개골 탈구를 방지하기 위해 혹은 악화되는 것을 막기 위해 미끄럼 방지 매트를 까는 것은 추천드려요. 하지만 그로 인해 슬개골 탈구 자체를 완전히 예방할 수 있다고 생각하시면 안 돼요. 이미 유전적으로 타고났다면 속도의 차이만 있을 뿐 결국 탈구는 시작되거든요. 그러니 조심 또 조심하는 수밖엔 없어요.

만약 지금 우리 아이의 슬개골 탈구 단계를 모르신다면 수의사 선생님을 찾아가 보세요. 우리 아이는 현재 슬개골 탈구 몇 단계인지, 악화되고 있다면 어느 정도의 빠르기인지를 알고 있는 것은 추후 수술 여부를 결정하는 데 큰 도움이 될 거예요.

우리집 고양이가 강아지 사료를 먹었어요!
어떡하죠?

요즘 들어 부쩍 한집에 고양이, 강아지와 함께 사는 분들이 많아요. 에너지 넘치고 감정 표현 확실한 강아지와 도도하고 밀당력 만렙인 고양이의 서로 다른 매력을 맘껏 느낄 수 있어서 참 좋아요. 하지만 서로 다른 '종'과 함께 살면 아무래도 지출이 커지죠. 용품이나 사료를 공유할 수 있는 게 거의 없기에 지출이 2배가 돼요.

게다가 강아지와 고양이는 너무나도 다른 성격을 가지고 있어서 아이들을 대할 때 어떤 자세를 취해야 할지 어려움을 느낄 때가 많아요. 거실을 뛰어노는 수평 운동 예찬론자와 가구 위를 오르내리는 수직 운동 예찬론자. 낮에 놀자고 조르는 종달새족과 밤에 놀자는 올빼미족. 밀당 없이 밀기만 하는 아이와 당기기만 하는 아이. 이렇게 서로 너무나 다르기에 케어하거나 훈육할 때 어떻게 해야 될지 참 어려워요.

털북숭이들의 밥(사료)도 잦은 문젯거리가 돼요. 강아지/고양이 사료가 따로 나오는 이유는 이들이 서로 다른 사료를 먹어야 되기 때문이에요. 그런데 식탐과 식습관이 서로 다르다 보니 함께 사는 아이들의 사료를 엄격히 나누어 먹이기 쉽지 않죠. 강아지가 고양이 사료를 먹기도 하고 고양이가 강아지 사료를 먹기도 해요. 별거 아닌 듯 보이는 이런 식습관이 생각보다 큰 문제를 일으킬 수 있으니 항상 조심해야 해요.

우선 강아지는 고양이 사료를 먹어도 큰 문제가 생기진 않아요. 그런데 고양이는 달라요. 강아지 사료로만 먹일 경우엔 큰 문제가 발생될 수 있어요. 고양이는 왜 강아지 사료를 먹으면 안 될까요?

일단 분명히 해둬야 할 것이 있어요. 이 둘은 서로 전혀 다른 동물이라는 거예요. 식성에 따라 분류하면 고양이는 육식 동물이고 강아지는 잡식 동물이죠. 그래서 생명을 유지하는 데 필요한 영양소도, 소화할 수 있는 영양소의 종류도 달라요.

가장 대표적인 것이 바로 단백질 비율이에요. 고양이는 강아지에 비해 훨씬 높은 단백질과 지방 함량을 요구해요. 육식 동물이다 보니 탄수화물을 먹을 일이 없고, 자연스레 탄수화물에 담긴 에너지를 사용하지 못해요. 그래서 일반 사료와 비교해 보면 단백질과 지방 함량의 차이가 꽤 많이 나요. 정상 고양이 식사에는 단백질이 30~45%, 지방은 9~15%가량 포함되어 있어야 해요. 하지만 정상 강아지 식사에는 단백질이 15~30%, 지방은 5% 이상 함유되어야 하죠.

사료를 구성하는 물질 중에 단백질과 지방, 섬유소를 제외한 대부분은 탄수화물이 차지하고 있어요. 만약 고양이 사료에 탄수화물이 대부분을 차지하고 있다면 아무리 많이 먹어도 하루에 필요한 열량을 다 채울 수 없게 되겠죠.

또 하나의 커다란 차이는 바로 고양이는 체내에서 특정 영양분을 만들어 내지 못한다는 거예요. 강아지는 이 영양소를 체내에서 만들어낼 수 있고요. 우리가 피곤할 때 찾는 그 영양소! 바로 타우린이에요.

단백질은 아미노산이라 불리는 작은 것들이 뭉쳐져서 만들어진 거예요. 여러 종류의 아미노산들이 각기 다른 순서로 나열되면서 서로 다른 단백질을 만들어 내죠. 이중 타우린이라는 아미노산이 있는데 고양이는 강아지와 달리 타우린을 몸 내부에서 자체 생산할 수가 없어요. 그래서 고양이 사료는 강아지 사료에 비해 고농도의 타우린을 함유하고 있어요. 따라서 강아지 사료만 오랜 기간 먹은 고양이는 타우린 결핍증이 생길 수 있어요. 타우린은 눈과 심장에 꼭 필요한 영양소예요. 그래서 타우린 섭취량이 부족할 경우 고양이 눈의 망막이라는 기관에 영향을 끼쳐 시력을 잃게 만들 수 있어요. 또한 심장 근육에도 필요한 영양소이기에 이를 약화시켜 심장병이 발생할 수 있죠. 심할 경우 사망으로 이어질 수 있기에 조심해야 해요.

채식 사료라고 들어보셨나요? 말 그대로 사료의 원료에 육류를 쓰지 않은 제품이죠. 그런데 육식 동물인 고양이의 사료에 육류를 포함시키지 않는다? 뭔가 앞뒤가 안 맞는 말 같죠. 실제 고양이용 채식 사료가 시중에서 판매 중이고 이에 대해서 일부 전문가들은 우려를 표했죠.

단백질이라고 하면 그 원료가 소고기이건 콩이건 다 똑같은 단백질이라 생각하실 거예요. 그런데 이 둘은 조금 달라요. 위에서 말씀드린대로 여러 종류의 아미노산이라는 것들이 뭉쳐져 단백질을 이루는데, 식물성 단백질과 동물성 단백질은 구성하는 아미노산이 서로 다르거든요. 일부 아미노산들은 동물성 단백질에만 존재하기에 이를 섭취하기 위해선 꼭 동물성 단백질을 먹어야 하죠.

앞에서 말씀드린 타우린뿐만 아니라 카르니틴, 메티오닌, 라이신, 트립토판 등의 어려운 이름의 아미노산들도 식물성 단백질에는 없거나 낮게 함유되어 있어요. 반대로 글루탐산이라는 아미노산은 식물성 단백질에 고함량 들어가 있으나 고양이는 이를 잘 소화시키지 못해요. 이외에도 특정 지방산과 비타민 등이 육류에만 들어있기에 고양이에게 채식을 시도할 때는 이러한 부분을 꼭 신경 써서 맞춰주어야 해요.

그래서 만약 고양이에게 직접 만든 채식 식단을 제공하자 하신다면 엄청난 공부를 하셔서 식단을 짜주셔야 해요. 섣불리 도전했다간 고양이에게 영양 결핍이 올 수도 있으니 말이에요. 아니면 시중에 나온 채식 사료들을 잘 비교해 보시고 선택해 주세요. 아마 채식 사료를 개발하며 채식의 단점을 보완해서 만들었을 테니 말이죠.

이렇듯 서로 다른 종의 차이 때문에 각자에 맞는 사료를 먹어야 모두가 행복하게 지낼 수 있어요. 만약 한 아이(고양이든 강아지든)가 넘치는 식욕으로 남의 것을 계속 탐낸다면 서로의 습성 차이를 이용해 시간이나 공간을 달리하여 사료를 제공해 볼 수 있어요.

고양이에게 한두 끼 정도 강아지 사료를 먹였다고 너무 걱정하지는 마세요! 짧은 기간 사료를 바꿔 먹는 건 괜찮아요. 그리고 다행히도 강아지가 고양이 사료를 먹는 경우는 많아도 고양이가 강아지 사료를 먹는 경우는 잘 없거든요. 고양이 사료가 상대적으로 단백질과 지방 함량이 더 높아서 아이들 입맛에 맞아 그러지 않나 싶어요.

그럼 반대로 강아지에게 고양이 사료만 급여하면? 모든 사료가 그런 건 아니지만 고양이 사료의 칼로리가 대체적으로 높아요. 그래서 강아지 사료와 동일한 양을 먹어도 살찌기 쉽죠. 또한 상대적으로 높은 단백질과 지방 함량으로 인해 설사를 할 수 있어요. 심하면 췌장염이 올 수도 있죠. 그러니 굳이 위험을 감수하지 마시기 바랄게요.

수의사의 TIP

간혹 훈육을 할 때 서로에게 다른 기준을 적용하여 혹시나 차별감을 느끼진 않을까 걱정하는 분들도 많아요. 하지만 육아에 정답이 없듯이 털북숭이들과 살아가는 데도 정답은 없어요. 단지 훈육할 때 아이들에게 단호하고 일관된 태도를 보여주는 것이 좋을 듯해요.

결국 사람, 강아지, 고양이 셋 모두 조금씩 양보하며 조화롭게 살아가는 수밖에 없어요(물론 자발적 양보를 기대하기엔 힘들겠지만...). 강아지 고양이와 함께 사시는 독자분들은 어떻게 위기를 극복하고 계시는지 문득 궁금해지네요.

첫째가 처방 사료 먹는데 둘째가 같이 먹어도 될까요?

사람과 마찬가지로 털북숭이에게도 하루에 요구되는 필수 영양소들이 있어요. 하루에 사료를 먹으면서 총 몇 칼로리를 섭취해야 하는지, 그중 단백질, 탄수화물, 지방의 양이 몇 퍼센트여야 하고 칼슘, 인, 구리와 같은 미네랄과 여러 비타민들은 얼마나 들어가 있어야 하는지를 항목별로 정해놓은 거죠.

이러한 필수 영양소들에 대한 기준은 해외 여러 단체에서 각 동물에 따라 정해요. 강아지와 고양이는 서로 필요한 영양 성분이 다르기 때문에 각각 정의할 필요가 있죠('우리집 고양이가 강아지 사료를 먹었어요! 어떡하죠?'편 참조). 그런데 같은 강아지 혹은 고양이라 할지라도 대개 네 가지 조건에 따라 그 구성 비율이 조금씩 달라져요.

첫 번째로 나이를 고려해야 해요. 털북숭이들의 나이는 유아기, 성장기, 일반기, 노령기 이렇게 나뉘어요. 무럭무럭 자라날 땐 아무래도 동일한 체중의 성견/성묘에 비해 더 많은 열량이 필요해요. 3kg 아기 레트리버와 3kg 성견 말티즈에게 필요한 영양소의 차이라고 하면 이해가 쉽겠죠! 체중은 같아도 성장기의 아이는 1.5~2배 더 많은 열량을 섭취해야 해요. 그뿐만 아니라 성장을 위해 어린아이들의 식사에는 단백질과 칼슘, 인 등이 더 많이 필요해요. 그래서 나이에 따라 그에 맞는 영양소의 비율이 다 다르게 정해져 있어요.

두 번째로 임신 혹은 포유 유무를 고려해야 해요. 임신을 하면 배 속의 꼬물이들에게도 영양분을 공급해야 하기 때문에 평소와 다른 식단이 필요하죠. 임신 주기에 맞춰 더 많은 칼로리와 단백질, 칼슘, 인의 함량을 높여서 제공해 줘야 해요. 그래야 어미 털북숭이도 아기 털북숭이도 건강하게 출산을 마칠 수 있죠.

출산 후 젖을 줄 때도 마찬가지예요. 아기 털북숭이들에게 충분한 젖을 주기 위해선 수분 섭취도 많아야 하지만 고단백 고열량의 식단이 필수적이에요. 특히나 강아지의 모유에는 젖소의 우유에 비해 2배나 많은 단백질과 지방이 함유되어 있어요. 그만큼 젖을 통한 칼로리 소비가 많다는 거죠.

세 번째로 운동견인지를 고려해야 해요. 운동견이라 함은 매일 산책하는 수준의 운동을 얘기하는 게 아니에요. 프리스비나 어질리티, 양몰이, 개썰매 등의 목적성 운동을 하는 아이들을 말하는 거예요. 이런 아이들은 두 종류로 나뉘어요. 단거리 선수와 장거리 선수로요. 사람으로 따지면 100m 단거리 선수와 42.195km의 마라톤 선수의 식단이 다르다는 거예요.

단거리 선수는 운동하는 시간이 짧기에 일반 강아지에 비해 그리 많은 양의 칼로리를 요구하진 않아요. 그리고 그 에너지원은 탄수화물이 제격이죠. 빠르게 에너지로 전환되어 쓰일 수 있거든요. 하지만 장거리 선수의 경우 굉장히 많은 칼로리를 제공해 주어야 하고 이를 대개 지방으로 채워줘요. 지방은 단백질과 탄수화물에 비해 같은 양일지라도 에너지가 가장 높기 때문에 장거리 선수에게 적합하죠.

마지막으로 이 글의 핵심인 건강 상태를 꼭 고려해 주세요. 예를 들어 콩팥이 안 좋은 아이에게 '필수 영양소'를 전부 공급하면 오히려 몸이 더 안 좋아지게 돼요. 콩팥의 기능이 떨어지면서 영양소를 처리하는데 문제가 생기기때문이죠. 그래서 이를 보완해 주기 위해선 단백질이나 인, 나트륨 등의 함량을 줄여야 해요. 이런 식으로 콩팥, 심장, 간, 췌장, 장, 당뇨, 결석 등 각종 질환에 따른 최적의 영양소 비율이 정해져 있어요.

아이들을 위해 의도적으로 필수 영양 성분을 일부 부족하게 혹은 넘치게 만든 사료가 바로 처방 사료예요. 그러다 보니 정상적인 아이들에게 장기간처방 사료를 제공했을 땐 일부 영양소의 결핍 혹은 과다가 발생할 수 있어요. 특히 결석 용해 사료나 간, 콩팥, 심장 질환용 처방 사료는 영양소의 불균형이 심하게 만들어져 있기에 더욱 주의해야 해요.

'어차피 그래봤자 사료가 다 비슷하지, 뭐가 크게 다르겠어?'라고 생각하실수 있어요. 하지만 처방 사료의 힘은 정말 대단해요. 실제로 신장 기능 저하가 심한 아이들은 평소 먹던 사료에서 신장용 처방 사료로 바꾸기만 해도증상과 혈액 검사 결과가 많이 좋아져요. 간 기능 저하로 해롱해롱하는 아이(간성 혼수)도 간 환자용 처방 사료를 먹고 난 뒤부턴 신경 증상이 사라지기도 하고요. 이렇듯 대단한 처방 사료의 힘을 사용할 때 꼭 명심해야 할 점들이 있어요.

첫째는 적절한 시점에 처방 사료 급여를 시작해야 한다는 거예요. 동물병원에서 털북숭이에게 심장병이 있다는 이야기를 듣고 나서 바로 심장 질환용 처방 사료로 바꾸시면 안 돼요. 처방 사료는 급여가 지시되는 '시점'이 있기 때문에 꼭 수의사 선생님과 상담 후 알맞은 시기에 해당 사료를 제공해 주세요.

다음은 한 아이가 여러 질환이 있을 경우예요. 소싯적에 방광 결석으로 피오줌 좀 쌌던 아이가 결석 제거 수술을 받은 뒤 결석 처방 사료를 먹고 있어요. 그런데 몇 년 뒤 안타깝게도 심장병을 진단받게 되었어요. 그렇다면 어떤 사료를 먹여야 할까요?

🐾 **문제**

1. 결석 예방용 처방 사료
2. 심장 질환용 처방 사료
3. 1 + 2로 반반 섞어서 제공

🐾 **정답은?!**

2번!

결석 처방 사료는 대개 나트륨이 높게 들어가 있어요. 하지만 심장 환자의 경우 증상이 없는 초기라 하더라도 고 나트륨의 식단은 피해야 하기 때문에 결석 처방 사료를 안 먹이는 게 좋죠. 따라서 심장 질환용 처방 사료가 추천되지 않는 초기 심장 질환의 경우엔 나트륨 성분이 낮은 결석 처방 사료나 일반 사료로 전환하는 것이 좋아요. 물론 심장병이 더 진행된다면 심장 질환용 처방 사료로 바꿔야겠죠.

앞에서도 언급했다시피 처방 사료라 함은 해당 질병으로 인해 발생한 신체 기능의 저하를 보완해 주기 위해 인위적으로 영양소를 조절해 놓은 거예요.

그런데 이건 필요한 식사량을 해당 사료로만 먹은 경우 맞춰지는 것이기 때문에 다른 사료와 섞어서 급여하는 순간 처방 사료로서의 기능을 잃어버리게 돼요. 그렇기 때문에 우린 선택과 집중을 해야만 하죠. '뭣이 더 중헌지' 잘 고려해서 결정을 내려야 돼요. 물론 이 결정은 수의사 선생님과 함께 내려야겠죠.

수의사의 TIP

내 새끼 아프다 해서 기껏 처방 사료 사다 줬더니 냄새 한 번 맡고서는 흥! 하며 고개를 돌리는 순간, 온갖 방법을 써봐도 자기 처방 사료만 빼고 간식만 오도독오도독 씹어먹는 철 없이 귀여운 모습을 보는 순간, 보호자로서 가슴과 지갑이 아려오죠. 대개 처방 사료는 일반 사료보다 비싸거든요. 어쩜 이리도 우리의 마음을 몰라주는지...

하지만 포기하시면 안 돼요. 아픈 털북숭이에겐 여러분들이 생각하시는 것 이상으로 식단이 중요하기에 주치의 선생님에게 처방 사료를 먹일 것을 권유받았다면! 무슨 수를 써서라도 먹여주셔야 해요.

포기하지 말고 우리 조금 더 힘내 봅시다. 파이팅!

털북숭이 샴푸 선택 기준,
로켓 배송? 네이버 페이?

여러분들은 털북숭이 가족을 씻길 때 반려동물 전용 샴푸를 쓰시죠? 그런데 어떤 기준으로 그 샴푸를 선택하셨나요?

반려동물 산업이 각광을 받으며 정말 유례없이 다양한 제품들이 빠르게 출시되고 있어요. 샴푸도 마찬가지인 상황이다 보니 치열한 경쟁에서 살아남기 위해 저마다 다른 고유의 특성을 어필하고 있어요. '반려동물의 피부는 이러이러하니 이런 성분이 있어야 한다! 이런 게 있으면 안 된다!' 뭐 이런 식으로요.

그런데 그 성분이나 마케팅 소구점[1]들을 보면 이과적 사고방식을 지닌 저로서는 몇 가지 의아한 점들이 있어요.

'과연 저 많은 성분들이 다 실제 효과가 있을까?
저들이 주장하는 효과에 대한 근거는 뭐지? 관련 논문이 있나?'

---

1) 광고가 시청자나 상품 수요자에게 호소하는 부분이나 측면

'아무리 좋은 성분일지라도 효과가 있으려면 결국 중요한 건 농도인데, 이렇게 다양한 종류가 들어가면 도대체 각 성분들의 농도는 어떻게 되는 거지?'

(저는 외국 여행을 준비할 때 블로그나 SNS를 뒤지기 보단 여행 책자를 사고 그 나라 관광청 홈페이지를 들어가 보는 사람이기에 이렇게 피곤하게 살아요. 하하.)

이러한 수많은 소구점들로 인해 선택에 장애가 생길 수 있어요. 관련 정보와 선택지가 다양해질수록 오히려 결정이 어려워지기 때문이죠. 그래서 그에 관련된 오해도 풀어드리고 선택 기준을 알려드리고자 해요. 그 근거는 당연히 수의 피부학 교과서[2]이고요. 놀라실 수도 있지만 수의 피부학 책에서는 반려동물을 씻기는 방법과 샴푸 선택 방법에 대해 꽤 자세히 다루고 있어요. 그만큼 중요하기 때문이겠죠?

반려동물 샴푸 선택에 있어 책에서 제시하는 세 가지 포인트는 다음과 같아요.

1. 약용 샴푸는 평소에 쓰지 말자!

털북숭이들에게는 피부 질환이 굉장히 흔해요. 그래서 이를 빨리 치료하기 위해 약물이 들어가 있는 약용 샴푸를 권해드릴 때가 있죠. 그런데 오해하시면 안 돼요. 앞으로 평생 그것만 쓰라는 게 아니에요. 이건 현재의 피부 상태, 즉 질병이 발생된 상태에서만 추천되는 샴푸예요.

피부병이 개선된 후에는 일반 샴푸를 쓰셔야 해요. 그 이유는 약물이 가지

---

2) 수의 피부학 교과서 'Muller and Kirk's Small Animal DERMATOLOGY' 참고

고 있는 부작용 때문이에요. '약효'가 있다는 건 반드시 그에 수반되는 부작용도 있다는 걸 의미해요. 약효가 더 이상 의미가 없어지는 시점에도 계속해서 약용 샴푸를 쓴다면 결국 털북숭이는 그 약물의 부작용만 얻게 되는 거예요. 혹은 그와 관련된 내성이 생길 수도 있겠죠. 그러니 질병이 개선되었다면 평상시엔 일반 샴푸를 사용해 주세요.

2. 피부에 충분한 보습을 제공하자!

피부와 털에 충분한 수분을 공급해 줄 수 있는 샴푸를 써야 해요. 털북숭이와 사람의 피부는 일부 차이점은 있지만 구조 및 기능, 생리적 특성은 거의 유사해요. 사람의 피부에서도 보습을 중요시하는 이유는 피부가 건조해지면 각종 피부 트러블을 유발하기 때문이죠. 털북숭이들도 마찬가지예요. 보습력이 부족한 샴푸는 피부를 건조하게 만들고 이로 인해 각종 감염이나 가려움증을 발생시킬 수 있어요. 그러니 피부가 수분을 머금을 수 있는 능력을 제공하는 게 중요해요.

좋은 보습 능력을 담은 샴푸를 쓴다면 해당 성분이 충분히 피부에 흡수될 수 있도록 시간을 주세요. 약용 샴푸를 쓰듯이 거품을 낸 후 5분 정도 시간을 갖는 거예요. 단 5분간 체온이 떨어지지 않게 욕실을 따뜻하게 해주셔야 하죠. 기다리는 동안 피부를 부드럽게 마사지해주면 더 좋아요. 그런 다음 깨끗하게 헹구어 주면 충분한 보습 효과를 얻을 수 있어요.

3. 피부에 자극이 적은 제품을 쓰자!

샴푸를 제조할 때 방부제와 계면 활성제, 보습제와 같이 꼭 필요한 성분들이 있어요. 물론 좋은 기능성 원료를 충분한 농도로 넣었느냐도 중요하지만 이 외의 구성 요소들도 중요하거든요. 그래서 이왕이면 이러한 성분들이 저자극성 물질로 구성된 제품을 고르는 게 좋아요. 이는 샴푸의 상세 페이지에서 쉽게 알아볼 수 있어요.

그런데 피부는 아이들에 따라 달라요. 그래서 지인에게 자극이 적다고 추천받은 샴푸가 우리 아이에겐 자극이 될 수 있어요. 결국은 해당 제품을 직접 써보면서 느껴보아야겠죠. 그러니 처음부터 ㎖당 가격을 낮추기 위해 대용량을 사서 쓰진 마세요.

말씀드린 내용들을 바탕으로 상세 페이지 속 현란한 문구들을 파악해가며 겨우겨우 샴푸를 선택했다면! 거기서 끝이 아니에요. '선택'에는 많은 노력을 기울이면서 막상 '평가'에는 그다지 노력을 하지 않는 분들이 계세요. 털북숭이에게 중요한 건 내가 선택에 얼마나 많은 노력을 들였느냐가 아니에요. 그 선택으로 인해 우리 아이의 털과 피부가 얼마나 더 나아졌는지가 중요하지 않을까요?

제품의 향과 점도, 거품의 양과 세정력, 헹굴 때 남는 미끈거림, 말린 뒤의 윤기와 잔향 등 쓰면서 바로바로 느껴지는 것을 잘 기록해 두세요. 여기서 그치지 말고 좀 더 장기적인 변화도 같이 체크해 주세요. 제품을 바꾼 뒤 하얗게 일어나던 각질이나 긁는 횟수가 얼마나 줄었는지, 목욕 후 빗질할 때 빠지던 털의 양에 변화가 있는지, 평소보다 피부병이 생기는 빈도가 늘어나진 않았는지 등의 장기적인 변화도 중요하니까요.

이러한 종합적인 평가를 바탕으로 당신은 털북숭이에게 더욱 완벽한 선택을 해줄 수 있을 거예요. 그것이 털북숭이에게 당신의 깊은 사랑을 표현하는 방법이지 않을까요?

요즘 날이 덥지도 않은데
물을 많이 마시네?

당신의 반려동물이 하루 평균 몇 ml의 물을 마시는지 아시나요?

제가 간혹 보호자분들께 이 질문을 던져요. 아직까진 아무도 몇 ml라고 정확하게 얘기하시는 분은 없었어요("우리 아이는 하루 평균 375ml의 물을 마십니다!"라고 말씀하시면 더 놀랄 거 같긴 하네요). 하지만 대부분 '물그릇을 절반 정도 채워서 하루 2번씩 줘요!'라는 식의 추상적인 양은 가늠하고 계셨어요. 여러분들도 이러한 추상적인 양은 알고 계시죠? 그렇다면 됐어요. 아주 훌륭해요. 이제 남은 건 앞으로 계속 그 양의 변화를 감지하는 일이에요. 평소 물 마시는 양이 변화하는 건 두 가지 경우의 수가 있겠죠. 양이 줄거나 혹은 늘거나.

물의 양이 줄어드는 건 보통 사료에 변화가 생겼을 때 나타나요. 건사료만 먹던 아이가 습식 사료를 먹거나 수분이 많은 간식을 먹었을 때 아이들은 물을 덜 마셔요. 그런데 이건 괜찮아요. 어차피 식사를 하면서 거기에 포함된 충분한 양의 물을 섭취했기 때문에 물을 덜 마시는 거거든요. 우리가 흔히 '캔사료'라고 부르는 습식 사료는 60~70%가 물로 구성되어 있어요. 그래서 이를 통해 섭취하는 물의 양이 굉장히 많기 때문에 물그릇의 물을 적게 마시는 거예요.

또 다른 이유로는 어딘가 아파서 기력이 매우 떨어지는 경우예요. 보통 털북숭이들이 몸이 안 좋을 땐 초반에 식욕이 떨어지면서 간식만 먹으려고 해요. 그러다 상태가 더 나빠지면 간식도 물도 안 마셔요. 이런 상태가 지속되면 아이들은 쉽게 탈수 상태가 되죠.

'몸의 70%가 물이다'라는 말 들어보신 적 있으시죠? 저는 꼬꼬마 시절에 이 말을 들었을 때 '아? 내가 슬라임도 아니고 무슨 내 몸에 물이 70%나 돼?'라고 생각했어요(슬라임은 젤리처럼 흐물흐물하게 생긴 캐릭터를 말해요). 이후 수의사가 되어서 진정한 의미를 알게 되었죠. 몸에 '액체' 형태로 존재하는 피나 소변, 관절액, 뇌척수액뿐만 아니라 몸을 구성하는 모든 세포 하나하나에도 물 성분이 포함되어 있고 이 모든 것을 합쳐서 70%라는 것을요.

이건 강아지나 고양이도 마찬가지예요. 나이와 종에 따라 약간의 차이는 있지만 신체의 대부분을 물이 차지하고 있어요. 몸에서 물 성분이 줄어드는 것을 우리는 '탈수'라고 하는데, 이 탈수가 얼마나 많이 되었느냐에 따라 가벼운 어지럼증에서부터 심각하면 사망에 이르게 될 수도 있어요. 그런데 털북숭이들은 사람에 비해 워낙 작다 보니 몸에 있는 물의 양도 매우 적어요. 그래서 소량의 탈수만으로도 아이들에겐 심각한 문제가 생길 수 있으니 물을 계속 못 먹는다면 꼭 병원에 데려가셔야 해요.

집에서 아이의 탈수 여부를 알아보는 방법이 몇 가지 있어요. 체중이 하루 이틀 사이에 급격히 줄거나 눈이 움푹 꺼지면 탈수일 확률이 커요. 입이 마르면서 구취가 심해지고 소변 색이 진해지기도 해요. 밥이나 물을 잘 안 먹는데 이런 변화들이 관찰된다면 바로 진료를 받아봐야 해요.

그렇다면 반대로 물을 너무 많이 마시는 건 왜 그럴까요? 평소 물그릇에 한 번만 가득 담아주면 하루이틀 정도 갔었는데, 나이가 들면서 요즘엔 하루에 두 그릇씩 담아줘도 물그릇을 싹 비운다면?

우선은 현재 먹고 있는 약이 있는지 혹은 사료가 바뀌진 않았는지 체크해 봐야겠죠. 예를 들어 심장약에는 대체적으로 이뇨제가 포함되어 있어요. 이뇨제는 소변을 많이 보게 만드는 약이기 때문에 몸에서 물이 쭉쭉 빠져나가요. 그러다 보니 자연스레 목이 말라져서 물을 많이 마시게 되는 거예요. 방광 결석용 사료의 경우 일부 회사에서는 충분한 물 섭취를 유도하기 위해 일부러 나트륨의 양을 늘려놓았어요. 사료를 짭짤하게 해서 자연스레 물을 많이 마시고, 그를 통해 소변을 많이 보게 해요. 소변을 자주 보면 뇨가 방광에 정체되어 있는 시간이 줄어들어 결석이 형성되는 것을 예방할 수 있죠.

그런데 약도 사료도 전혀 변화가 없는데 나이가 들면서 점차 물을 마시는 양이 눈에 띄게 증가했다면?! 보고 싶지만 자주 보고 싶지 않은 그 사람... 털북숭이 주치의 선생님을 만나러 가보셔야 해요.

신장 질환(만성 신부전), 호르몬 질환(고양이는 갑상선기능항진증, 강아지는 부신피질기능항진증 : 쿠싱 증후군), 당뇨 그리고 종양. 모두 나이가 들면서 발생률이 올라가고 삶의 질과 수명에 많은 영향을 끼치는 질환들이죠. 그런데 이 질환들이 가지고 있는 특징이 있어요. 바로 음수량. 즉 마시는 물의 양이 늘어난다는 거예요.

위의 질병들은 단순히 갈증을 증가시키는 게 아니에요. 서로 다른 기전을 통해 몸에서 소변으로 많은 양의 물이 빠져나가게 해요. 몸은 탈수 상태에 빠지게 되고 이로 인해 갈증을 느끼게 되죠. 이런 아이들은 조금씩 자주 마시기보다는 물을 한 번 마실 때 굉장히 많은 양을 마시려고 해요. 그래서 한참을 물그릇에 고개를 박고 있고 이 때문에 이전과 달리 물그릇을 자주 채워주게 돼요.

물을 마시는 양이 늘어나면서 생기는 관찰하기 쉬운 변화가 또 있어요. 바로 소변의 색깔 혹은 모래 뭉치(집사 전문 용어로 '감자'라고 하죠)의 크기예요. 강아지는 대개 하얀 패드에 소변을 보니까 바로 색의 변화를 알 수 있어요. 평소에는 옅은 노란색의 소변을 보다가 요샌 유독 물처럼 투명한 색의 소변을 본다면 물 마시는 양을 체크해 볼 필요가 있어요. 소변량이 많아지면 자연스레 소변 색도 연해지거든요. 그뿐만 아니라 하루에 쓰는 패드의 양도 더 늘어나게 돼요. 하루 한 장이면 충분했던 패드가 이제는 두 장으로도 간신히 버티게 되는 느낌?!

고양이는 두부나 벤토나이트처럼 뭉치는 모래를 쓸 경우 소변의 양에 따라 생성되는 감자의 크기(소변으로 굳어진 모래 뭉치)가 커져요. 그래서 평소 초등학생 주먹 같은 알감자를 캐다가 어느샌가 마동석 주먹 같은 유전자 변형 감자를 캐고 있다면 역시나 음수량을 체크해 볼 필요가 있어요.

음수량이 늘고 소변이 묽어지면서 양이 늘어난다면 검진을 받아보는 게 좋아요. 간단한 몇 가지 검사들로 앞에서 언급한 질병들의 유무를 다 찾아낼 수 있거든요. 진단을 빨리 내릴수록 치료가 쉽고 예후도 좋아지기에 의심된다면 검사부터 해보는 게 좋아요.

질병이 많이 진행된 뒤에는 각 질병들에 따라 다른 증상들도 나타나요. 하지만 초반에는 소변량과 음수량의 증가 이외엔 딱히 눈에 띄는 변화가 없는 경우가 많죠. 그러다 보니 물 마시는 양이 증가한 걸 질병과 연관 짓는 보호자분들은 거의 안 계세요. 요즘 날이 건조해서 그런가? 얘가 건강해지려고 물을 많이 마시나 등의 잘못된 해석을 하시죠.

매일 몇 ml의 물을 마시는지 엄격하게 체크하실 필요는 없어요. 그날그날 활동량과 습도, 먹은 음식에 따라 마시는 물의 양은 달라질 수 있거든요. 하지만 평균적으로 큰 폭의 변화를 보인다면! 게다가 이런 모습이 지속된다면! 큰 병을 키우는 것일 수 있으니 꼭 미리 체크해 주세요!

참고로 정상적인 강아지/고양이가 하루 마시는 물의 양은 체중 1kg당 25~50ml 이하예요. 5kg 아이라면 하루에 125~250ml 이하의 물을 마셔야 하는 거죠.

진짜 조금만 주는데
왜 살이 안 빠져요?

미국에 있는 고양이의 30~35%, 강아지의 25~30%가 가지고 있는 질환은
무엇일까요?!

정답은, 바로 비만! 정말 어메이징한 나라죠. 1/3 가량의 털북숭이들이 비
만이라니. 그런데 더 놀라운 건 우리나라도 크게 다르지 않다는 거예요. 통
계를 내보진 않았지만 저희 병원에 내원하는 아이들 중 20% 정도는 비만이
에요.

그런데 진짜 문제는 바로 자신의 털북숭이가 비만이란 걸 모르는 분들이 많
다는 거예요. 살이 많이 쪄서 숨쉬기도 불편해하는 아이가 있어 살을 좀 빼
야겠다고 말씀드리니, 화들짝 놀라며 우리 아인 정상인 줄 알았다고 하신
분도 계세요. 우리의 할머니도 그런 심정이셨을까요? 손주 볼 때마다 맨날
삐쩍 곯았다고 하시면서 이것저것 챙겨주시던 모습이 떠오르네요. 아마도
인간의 정상 체형은 쉽게 접하니 이와 비교해서 비만도를 추정하기 쉬우나
강아지/고양이의 정상 체형은 본 적이 없고 털까지 덮여있어 판단하기 힘
드실 거 같아요.

사람에서도 비만이 여러 합병증을 유발하듯 털북숭이에게도 비만은 여러 질병들의 발생률을 증가시켜요. 관절염, 당뇨, 요실금, 고양이 하부 요로기 질환, 심장병, 호흡기 질환 등등... 게다가 더욱 중요한 건 비만 고양이는 정상 고양이에 비해 사망률이 무려 3배나 높아요. 강아지의 경우 형제자매견끼리 비교한 연구에서 비만견은 정상 체형의 동배견에 비해 평균 수명이 2년이나 짧다는 결과가 나왔어요. 그러니 털북숭이가 비만이라는 질환을 앓고 있다면! 이를 치료해야 할 이유는 너무나 명백해요.

그렇다면 우선 우리 아이가 비만인지부터 평가해 봐야겠죠. 객관적이고 이성적인 눈썰미를 갖고 계신 분은 우리 아이가 비만인지 아닌지 아실 거예요. 사람과 크게 다르지 않거든요. 하지만 할머니의 시선을 갖고 계신 분들을 위해 한 가지 방법을 알려드릴게요. 비만인지 확인해 보기 위해 필요한건 손과 눈뿐이에요.

털북숭이의 갈비뼈를 한번 만져보세요. 아이 옆면의 갈비뼈를 손가락으로 가볍게 누른 채 머리에서 꼬리 방향으로 드르륵거리며 왔다 갔다 해보세요. 갈비뼈가 쉽게 만져지고 그 위로 지방의 두께감이 없다면 너무 마른 거예요. 하지만 갈비뼈가 안 만져지거나 그 위로 두툼한 지방이 느껴진다면 비만인 거고요. 정상인 아이들은 갈비뼈와 그 위로 약간의 지방이 느껴져야해요.

털북숭이가 비만이라는 것을 알게 되었다면 이젠 이를 치료해야겠죠. 비만이라고 먹이는 약은 따로 없어요. 치료법은 바로 식단 조절과 적당량의 운동뿐이죠. 그중에서도 가장 중요한 것이 바로 식단이에요. 그런데 많은 분들이 아무리 사료를 줄이고 줄여도 살이 빠지지 않는다고 하소연하세요.

"진짜 조금밖에 안 주는데 살이 너무 안 빠져요!
얘 혹시 어디가 아파서 살찐 거 아닐까요?"

네! 맞아요! 호르몬 질환으로 인해 뚱뚱해지는 아이들도 있어요! 하지만 이런 아이들은 전체 비만의 5%도 채 되지 않는다고 해요. 그러니 그런 기대는 하지 마세요. 아직 사료의 양을 덜 줄인 것뿐일 테니까요.

다이어트하려면 진짜 조금만 주셔야 해요. 실제로 체계적인 다이어트를 위해 하루에 제공할 열량을 계산해 보면 수의사인 제가 봐도 너무 적다는 느낌을 받아요. 하지만 그렇게 해야 살이 빠져요. 본인의 식단을 조절해가며 다이어트를 성공해 보신 분들은 아실 거예요. 식단 조절로 다이어트를 하려면 얼마나 독하게 해야 하는지를. 그건 털북숭이들에게도 마찬가지이거든요.

그러다 보니 다이어트를 하면 배가 고플 수밖에 없어요. 배부르면서 다이어트를 할 순 없으니까요. 그런데 계속 배가 고프다고 밥 더 달라고 혹은 간식 달라고 조르는 아이의 그 눈빛을 도저히 거부할 수가 없어요. 사고를 치기도 하고 밥그릇 앞에서 하염없이 울기도 하고, 가끔은 구토를 하기도 하며 보호자의 약해진 마음을 공략하죠. 하지만 약해지시면 안 돼요! 다이어트를 왜 해야 하는지 이제 우리는 잘 알고 있어요. 그러니 털북숭이의 투정(혹은 폭주)에 굴복하지 마세요.

아이들은 스스로 밥을 차려 먹을 수도 없고, 다이어트를 위해 식사량을 줄이는 방법도 몰라요. 살 빼겠다고 독하게 마음먹고 헬스장을 다닐 수도 없고 샐러드를 주문해서 섭취 칼로리를 줄이지도 못해요. 결국 아이들의 다이어트는 100% 보호자분의 의지와 행동으로 만들어 나가는 거예요. 그러니 당신이 약해지는 순간 다이어트는 물 건너 가요. 일단 가장 하기 쉬운 다이어트 방법을 알려드릴게요. 참고해 주세요.

🗨 털북숭이 다이어트 시키기

1. 털북숭이를 위한 체중계를 산다.

   – 아이를 안고 사람 체중계 위에 올라가는 건 추천드리지 않아요. 미세한 변화를 잡아낼 수 없거든요. 반려동물용 혹은 신생아나 유아용 체중계를 추천드려요.

2. 일주일에 한 번씩 정해진 시간대에 체중을 재고 체형을 평가한다.

   – 예를 들어 매주 월요일 아침 공복인 상태일 때 평가해 주세요.

3. 현재 하루에 먹는 사료와 간식 총량을 파악한 뒤 전체 양을 20% 줄여서 급여한다.

   – 하루 적정 칼로리를 계산하여 그에 맞는 사료량을 급여하는 방법도 있는데 그 과정이 번거롭고 어려워요. 현재 급여량에서 20% 줄이는 게 훨씬 쉬운 방법이에요!

4. 일주일에 체중의 1%가 빠지면 성공! 더 빠지면 먹는 양을 늘리고, 덜 빠지면 먹는 양을 줄인다.

   – 건강한 다이어트의 조건은 일주일에 강아지는 1~2%, 고양이는 0.5~1%가량 빠지는 거예요.

5. 정상 체형이 될 때까지 사료량 조절과 체중 체크를 반복한다.

   – 정상 체형인가 판단이 어려울 땐 수의사 선생님께 도움을 요청해 보세요!

전체 양의 20%씩 감량하지 않더라도 평소 먹던 간식을 하나씩 끊어보는 것도 좋은 방법이에요. 그래도 안 되면 동일한 부피지만 칼로리가 낮은 사료, 식이섬유가 풍부하게 들어있어 포만감을 유지시켜 주는 사료, 대사량을 늘려 주어 에너지 소비를 도와주는 사료 등 여러 종류의 다이어트용 사료도 시도해 볼 수 있어요.

이와 함께 운동량도 늘릴 수 있다면 더 좋겠죠! 털북숭이가 힘들어하지 않는 선에서 운동 시간이나 횟수를 조금씩 늘려보세요. 물론 관절에 무리가 되지 않는 선에서 해주셔야겠죠. 아이들 운동엔 보호자분의 시간이 더 쓰이기에 힘드실 수도 있어요. 하지만 분명 다이어트에 도움이 될 거예요.

끈기를 갖고 노력하면 분명 그에 대한 보답이 있을 거예요. 그러니 털북숭이의 다이어트 코칭이 너무 힘들다고 포기하지 마시고 여러 회사의 제품들과 수의사 선생님, 인터넷, 책 등의 도움을 받아보세요. 당신은 할 수 있을 거예요.

다이어트 성공의 보답은 당연히 아시겠죠?
우리 아이와 건강하고 행복한 시간을 오래 가질 수 있다는 것. 아마 털북숭이도 간식을 먹는 잠깐의 쾌락보단 여러분과 함께 건강하고 행복한 시간을 더 오래 보내고 싶어 할 거예요. 마치 당신처럼요.

건식 사료가 좋아요, 습식 사료가 좋아요?

여러분은 사료와 간식을 어떻게 구분하세요? 생김새? 급여 시간? 주는 양? 사전적인 정의는 아니지만 제 나름의 기준이 있어요. 바로 영양소 구성 비율이에요. 털북숭이들에겐 하루 필요한 열량의 몇 %를 단백질, 지방, 탄수화물로 채워야 할지, 그리고 비타민과 미네랄은 얼마나 있어야 하는지 정해놓은 기준이 있어요. 이 기준에 맞춰져 있으면 해당 제품만 먹여도 특정 영양소의 결핍이 오지 않고 건강하게 살아갈 수 있죠. 하지만 이러한 기준에 맞지 않을 경우 그것만 먹여서는 안 돼요. 영양 결핍으로 건강을 해칠 수 있어요. 그래서 저는 이러한 기준에 맞게 영양소를 맞춰놓은 것은 사료, 그렇지 않은 것은 간식이라고 판단해요.

영양 성분을 맞춰놓은 사료는 수분 함량에 따라 크게 두 가지로 나뉘어요. 습식 사료(캔사료)와 건식 사료(건사료)로요.

습식 사료는 수분 함량이 60~70% 정도예요. 300g 습식 사료 하나엔 약 200ml의 물이 들어있는 거나 마찬가지인 거죠. 그래서 평소 물을 잘 안 마시는 아이들에겐 습식 사료가 굉장히 큰 도움이 돼요. 밥을 먹는 것만으로도 충분한 물을 섭취할 수 있기 때문이죠. 특히나 만성 신장 질환이나 결석 질환이 있을 경우 충분한 물 섭취가 매우 중요한데, 습식 사료를 제공함으로써 이를 도울 수 있어요. 게다가 기호성이 좋아요. 대부분의 털북숭이들은 건식 사료보다 습식 사료를 훨씬 좋아해요. 음식에 수분이 증가하면 향이 더 강해지고 풍미도 올라가기 때문이죠. 그래서 입이 짧은 아이들에겐 좋은 선택지가 돼요.

습식 사료는 같은 무게로 비교해 보면 건식 사료에 비해 열량이 낮아요. 건식 사료와 습식 사료를 똑같이 100g 먹을 경우 건식 사료 대비 열량이 1/3밖에 되지 않아요. 아무래도 수분이 많이 포함되어 있기 때문에 동일한 양이라도 열량이 적을 수밖에 없죠. 그래서 다이어트할 때 대식가들에겐 습식 사료가 포만감을 더 줄 수 있어요. 단 그 포만감은 금방 사라진다는 것이 문제이긴 하죠. 또한 구강 통증이나 발치 후 치아가 없어서 씹지 못하는 아이들에게도 습식 사료가 추천돼요. 건식 사료를 씹으면서 통증을 느낄 경우 밥 먹는 것을 아예 거부하는 경우도 있어요. 발치 수술 후 잇몸을 봉합해 놓은 경우에 건식 사료를 먹다간 봉합 부위가 찢어지기도 해요. 간혹 치아가 없는 아이들이 건식 사료를 씹지 않고 삼켜버리기도 하는데, 이럴 경우 사료의 위 내 정체 시간이 길어져 구토나 위염을 유발할 수 있어요. 이런 다양한 경우 습식 사료가 정말 많은 도움이 돼요.

그런데 높은 수분 함유량으로 인해 습식 사료는 개봉 후 보관이 어려워요. 금방 상해버리기 때문에 먹고 남은 사료는 꼭 밀폐용기에 담아 냉장 보관해야 돼요. 간혹 건식 사료와 섞어 먹이거나 약 먹일 때만 사용해서 일주일 넘게 냉장 보관하시는 분들이 계시는데 되도록이면 48시간 이내로 소진하는게 좋아요. 실제로 일주일 정도 냉장 보관된 습식 사료를 먹고 구토나 설사를 해서 오는 아이들이 종종 있어요. 그리고 습식 사료의 가장 큰 문제점은 바로 치아 건강을 해친다는 거예요. 건식 사료만 오독오독 씹어먹을 경우 치아에 음식물이 많이 남지 않아요. 하지만 습식 사료의 경우 먹고 나면 치아에 전반적으로 음식물 찌꺼기가 남게 돼요. 그래서 습식 사료만 먹은 아이들과 건식 사료만 먹은 아이들의 구강 상태는 확연히 차이가 나요. 그뿐만 아니라 고양이의 경우 '흡수성 치아 질환[3]'이 습식 사료를 먹은 아이들에게서 높은 비율로 발생했다는 보고도 있어요. 또 하나의 단점은 가격이 비싸다는 거예요. 예를 들어 동일한 브랜드의 소화기 처방용 습식 사료와 건식 사료를 비교했을 때 한 끼당 소요되는 비용이 대략 4배 정도의 가격 차이가 나요. 장시간 급여할 것을 고려한다면 가볍게 무시할 순 없는 차이죠.

건식 사료는 수분 함량이 10% 미만이에요. 그래서 습식 사료의 장단점을 뒤집으면 건식 사료의 장단점이 돼요. 습식 사료에 비해 기호성이 떨어지고 부피 대비 열량이 높아요. 치아가 안 좋을 경우 씹으면서 통증을 유발하여 사료를 거부하게 만드는 경우도 있어요. 하지만 보관이 쉽죠. 지퍼백에 담아두면 한 달은 너끈히 버티니까요. 게다가 실온에 두어도 쉽게 상하지 않아서 언제든 털북숭이가 먹고 싶을 때 먹게끔 하는 자율 급여를 할 수도 있어요. 치아에도 습식 사료에 비해 나쁜 영향을 덜 끼쳐요. 건식 사료만 먹는 아이들은 대개 치아 상태가 양호해요. 그리고 같은 기간 급여 시 습식 사료에 비해 훨씬 저렴하죠.

습식 사료와 건식 사료의 이러한 차이점을 잘 고려하여 털북숭이 가족에게 어떤 형태의 사료를 줄지 결정하시면 돼요. 물론 이뿐만 아니라 보호자분의

---

3) 치아가 서서히 녹아서 없어지는 질환

생활 패턴과 집안 환경, 털북숭이의 식습관과 선호도 등도 고려해야겠죠. 제아무리 좋은 사료라 한들 내 털북숭이 가족이 그걸 먹고 변이 물러지거나 입도 대지 않는다면? 내 가족에겐 좋은 사료라고 말하기 어렵죠. 만성 신장 질환으로 입맛이 떨어진 아이에게 엄청난 고단백질의 사료를 주고선 잘 먹으니 좋은 사료라 해서도 안되고요(신장 질환 환자는 저단백질 식이를 해야 하거든요).

사료 선택에 어려움이 느껴지거나 조금 더 아이에게 적합한 사료를 제공해 주고 싶다면, 건강검진을 통해 아이의 상태를 정밀히 파악한 뒤 현재 몸 상태에 가장 맞는 사료를 추천받아 보세요. 단순히 비싸고 맛 좋은 사료가 아닌 건강에 도움이 되는 사료를 주는 것이 올바른 사료 선택의 기준이 아닐까 싶어요.

추가적으로 알면 좋은 사료 관련 지식

• 건식 사료를 냉동 보관할 때!

건식 사료를 간혹 소분하여 냉동실에 보관하시는 분들이 있는데 이땐 소량씩만 소분해 주세요. 냉동 보관의 특성상 꺼내놓으면 수분이 생기는데 사료는 수분과 함께 오래 있으면 금방 곰팡이가 피게 돼요. 그래서 냉동실에 남은 건식 사료를 보관하실 경우엔 소량씩 지퍼백에 담아서 보관해 주시고, 해동 후엔 빠르게 소진해 주셔야 해요.

• 반건조 사료는 뭐지?

앞에서 말씀드린 두 가지 사료 타입 이외에도 반건조 사료가 있어요. 수분 함량이 20~30% 내외인 제품들이죠. 두 사료의 장단점을 섞어놓은 제품이라 생각하시면 돼요.

- 캔사료를 샀는데 바닥이 녹슬었어요!

간혹 캔에 보관되어 있는 습식 사료 중 캔의 밑바닥 색깔이 갈색으로 변해있는 것들이 있어요. 녹슨 거라 많이들 오해하시는데 이는 '마이야르 반응[4]'이라 해요. 나무젓가락 같은 걸로 긁어보면 쉽게 알 수 있어요. 쉽게 긁혀서 사라진다면 마이야르 반응이 맞아요.

- 유명한 어느 회사 사료는 튀겨서 만들었다면서요?

그 회사 사료는 튀겨서 만든 게 아니에요. 튀겨서 건강에 안 좋다는 소문이 도는데 사실이 아니에요. 사료 만드는 마지막 공법에 기호성을 높이기 위해서 동물성 단백질을 뿌려주는데 이게 미끈거리다 보니 튀겼다는 오해가 생긴 거 같아요. 이 이유로 해당 회사 제품을 거부하시는 분들이 꽤 계시더군요.

- 지금 있는 사료를 더 잘 먹게 만들려면 어떻게 하면 좋을까요?

건식 사료에 따뜻한 물을 부어주면 기호성이 더 좋아져요! 물 이외에 닭육수나 황태 우린 물 등을 섞어주셔도 좋아요. 습식 사료는 부담스럽고 건식 사료는 잘 안 먹는다면 이 방법을 써보세요. 습식 사료의 경우에도 살짝 데워주면 더욱 기호성이 좋아져요.

- 간식은 얼마나 줘도 돼요?

간혹 간식을 얼마나 줘도 되는지 궁금해하시는 분들이 계세요. 영양학적으로 하루 열량의 10%까지만 간식으로 급여할 것을 추천해요. 예를 들어 다이어트 중인 5kg 강아지는 하루 220kcal를 먹어야 하는데, 이중 10%인

---

4) 스테이크 좀 구워보신 분들은 바로 아는 단어로 스테이크 구울 때 고기가 갈색으로 변하는 것, 식빵을 구울 때 겉이 갈색으로 변하는 현상 등을 지칭함

22kcal만 간식으로 대체하는 거예요. 이렇게 해야 영양 불균형이 오지 않으면서 과도한 열량을 공급하지 않게 돼요(참고로 22kcal는 삶은 계란 1/3 정도밖에 안 돼요. 그동안 줘왔던 간식 양을 생각해 보면 충격과 공포죠).

• 적절한 영양 성분은 어떻게 알 수 있어요?

AAFCO(미국사료관리협회)에서 발표한 반려동물 사료 성분 기준이 있어요. 이 기준보다 부족하지 않게 구성되어 있는 것이 좋아요. 하지만 의도적으로 일부 영양소를 이 기준치보다 낮게 설정해 놓은 사료들이 있어요. 대개 질병의 보조를 위한 처방 사료에서 보이는 특징이에요. 따라서 이 기준에 맞지 않는다고 하여 무조건 영양 불균형인 사료라 생각하시면 안 돼요.

3장

수의사와 동물병원에
대한 오해

동물병원은 왜 사람 병원처럼
분과가 나눠져 있지 않나요?

'내가 강아지에게 물리면 어느 병원을 가야하지? 피부과? 내과? 가정의학과?'

이 글의 주제와 다를 순 있지만 살면서 한 번쯤은 이런 고민을 해보게 돼요. 어느 분과에 해당되는지 애매한 질병들 때문이죠. 관련 내용을 배우지 않은 사람으로선 충분히 헷갈릴 수 있어요. 게다가 질병 자체가 여러 장기에 영향을 미치는 경우도 많아서 어딜 먼저 가야 할지 애매한 경우도 있죠.

그런데 대개의 동물병원은 그런 고민이 필요 없어요. 한 병원에 가면 접종이나 사상충 예방과 같은 예방 의학부터 내과, 외과, 치과, 안과 등 모든 진료가 가능하니까요. 그런데 이런 편리함의 이면엔 전문성 부족이라는 의문이 생기기 마련이에요.

10년의 시간을 한 분과에만 집중한 사람과 모든 분과에 집중한 사람 간에는 분명 진료의 심도에 차이가 있을 수 있어요. 그래서 사람 병원은 오래전부터 분과별 전문의 제도를 도입하였어요. 거기서 그치지 않고 대학 병원과 같이 초대형 병원의 경우, 같은 정형외과 전문의라 할지라도 어깨 전문의,

손발 전문의, 무릎 전문의 등으로 더욱 세분화하여 나누고 있죠.

얼마 전까지도 우리나라 수의학계에는 공식적인 전문의 제도가 없었어요. 많이들 오해하고 계시는데 전문의 제도는 석사, 박사와는 달라요. 석사 및 박사는 학교에서 인증하는 학위이고, 전문의 제도는 국가나 협회에서 인증하는 자격 제도예요. 국가에서 인증하는 전문의 제도가 없기 때문에 수의대를 졸업한 뒤 한 분야를 깊이 있게 수련하고자 할 경우 대학원에 진학하거나 대형 병원의 한 분과에 속해 수련해야 했죠.

'학위'라고 해서 수의학 석사 및 박사인 분들이 학문에만 매진하여 연구를 진행한 분들은 아니에요. 학문적인 연구도 진행하지만, 실제 대학 병원에서 수준 높은 진료에 참여하여 임상 실력을 갈고닦게 되죠. 그래서 수의학계에서는 석사 및 박사 학위자를 사람 병원의 전문의와 비슷하게 대우하고 있어요.

사회가 발전해가며 반려동물에 대한 사람들의 인식이 점차 바뀌면서 자연스레 좀 더 전문적인 진료가 요구되기 시작했어요. 거기에 한발 앞서 이미 수의과 대학에서 여러 교수님들과 원장님들이 전문의 시스템을 설립하였고 2019년 그 첫 발을 내디뎠어요. 아직은 제도 초기 단계라 일부 분과에서만 진행 중이지만 머지않아 국내 수의학을 더욱 발전시킬 다양한 전문의 선생님들이 배출되리라 생각해요.

이러한 전문화 움직임은 대학 밖의 동물병원에서도 진행 중이에요. 모든 과를 아우르는 진료를 하는 곳이 아닌, 한 분과의 진료만 집중해서 진행하는 전문 병원이 생기기 시작한 거죠. 주로 치과나 안과, 영상 진단과, 신경외과 등 심도 있는 진료가 필요한 영역에서 이러한 움직임이 나타나고 있어요. 앞으로도 이런 병원이 더 늘어나고 다양한 분과로 확장되리라 예상돼요.

이러한 긍정적인 변화들을 통해 털북숭이의 삶의 질과 보호자의 의료 만족도가 더 나아질 수 있을 거라 생각해요. 하지만 우리나라 모든 수의사들이 이런 한 분과의 진료만 보아야 할까요? 저는 아니라고 생각해요. 점차 전문화가 대세로 바뀌는 이 시점에 무슨 시대에 뒤떨어지는 소리냐고 하실 수도 있겠지만 이런 생각을 하는 이유가 있어요. 수의사뿐만 아니라 일부 보호자분들도 이런 생각에 아마 동의하실 거예요.

가장 큰 이유는 수의학이 가지는 치명적인 한계점 때문이에요. 보호자분은 털북숭이가 어디가 아픈지 잘 몰라요. 심지어 아픈지도 모를 때가 있어요.

사람은 몇몇의 애매한 경우를 제외하곤 본인이 어디가 아픈지 잘 알아요. 그래서 처음부터 해당 병원을 골라 갈 수 있어요. 그런데 털북숭이는 다르죠. 아이의 어디가 아픈지 보호자분이 정확히 아는 경우도 있지만 그렇지 않은 경우도 꽤 많거든요. 다리가 아픈 줄 알았는데 알고 보니 허리가 안 좋다거나, 감기인 줄 알았는데 심장병인 경우도 있죠. 혹은 요새 들어 어딘가 몸이 안 좋아 보이긴 하는데 정확히 어디가 아픈 건지 모르겠는 그런 순간들도 있어요.

마치 소아과와 유사해요. 평소 분유를 잘 먹던 갓난아기가 갑자기 분유를 안 먹고 울기만 해요. 그럼 어느 병원에 데려가시겠어요? 고민할 거 없이 소아과겠죠. 그런데 만약 소아과도 각 분과별로 나뉘어 있다면? 소아 정신과? 소아 신경과? 소아 내과? 소아 외과? 소아 통증의학과? 병원 순례를 해야 될 수도 있어요. 그래서 모든 분과를 보는 사람도 필요하다 생각해요.

보호자의 입장에서는 한 군데에서 모든 진료가 가능하니 편한 것도 있죠. 나이가 들어 아픈 곳이 늘어난 털북숭이를 데리고 이 병원 저 병원 돌아다니지 않아도 돼요. 이 아이의 병력이 어떻고 현재 어떤 약을 먹는지 일일이 설명하지 않아도 다 알아서 고려해 줘요. 게다가 매번 보던 선생님이 봐주시니 누구보다 우리 아이 특성을 잘 알기도 하거니와, 이 사람이 능력이 있는 사람인지, 진료 스타일은 어떤지 일일이 검증하는 시간을 가질 필요가 없으니까요. 수의사도 보호자도 아픈 털북숭이에게 조금 더 집중할 수 있겠죠.

그런데 이것 말고도 모든 분과의 진료를 보는 제 개인적인 이유가 있어요. 내 환자의 담당 주치의로 남고 싶어서예요.

한 털북숭이를 오랜 기간 치료하다 보니 그 아이 고유의 특성을 알게 돼요. 평소엔 귀를 만져도 가만히 있는데 농성 귀지가 나올 때는 무는 아이, 겁이 많아서 방사선 찍을 때 꼭 소변을 보는 아이, 고관절이 안 좋아서 뒷다리 잡을 때 조심해야 하는 아이, 오랜 기간 입원 치료 때문에 혈관이 많이 상해 양쪽 뒷다리 발등에 가장 확보하기 쉬운 혈관이 있는 아이, 입원장에만 들어가면 침을 뚝뚝 흘리는 아이 등등. 막상 보호자분은 모르고 주치의만이 알 수 있는 그 아이만의 디테일한 특성을 알게 돼요. 그뿐만 아니라 내 환자가 언제 어떤 수술을 했는지, 평소 어디에 자주 문제가 생기는지, 현재 가지고 있는 질환은 무엇인지, 어떤 약에 반응성이 좋은지 등도 이미 알고 있어요. 이러한 내용을 바탕으로 털북숭이와 보호자에게 훨씬 더 효율적이고 믿을 수 있는 진료를 제공할 수 있어요.

저는 이런 생각을 실천하기 위해 열심히 노력해요. 최신 논문도 찾아보고 미심쩍은 부분이 있으면 전공책도 자주 살펴보죠. 주치의로서 책임을 다하기 위해서예요. 하지만 아무리 노력한다 해도 저 혼자 제 환자의 모든 질병을 다 치료할 순 없어요. 그럴 땐 다른 전문 병원 혹은 대형 병원 수의사 선생님들께 의뢰를 하기도 하죠. 그분들이 보실 때 더 좋은 결과가 나올 수 있다고 판단되면 당연히 그렇게 해야 하니까요.

여러분들도 'Specialist 수의사'와 'Generalist 수의사'를 조화롭게 활용해 보세요(Specialist : 한 분과의 전문가, Generalist : 모든 분과를 보는 사람). 당신과 털북숭이에게 더 좋은 결과를 가져다줄 거예요. 평소엔 Generalist 주치의와 함께, 상황에 따라 그 분야의 믿을 수 있는 Specialist 수의사와 함께!

(참고로 Generalist로 남고 싶은 저는 외과 전공의예요. 하하.)

병원 가서 받는 스트레스 vs
아파서 받는 스트레스

여러분의 털북숭이에게 동물병원은 어떤 곳으로 인식되어 있을까요? 맛있는 간식과 놀잇감, 다른 털북숭이 친구와 친절한 병원 직원들이 반갑게 맞이해주는 신나는 놀이공원? 아니면 비명 소리와 피비린내, 무서운 직원들과 아픔만이 가득한 무시무시한 귀신의 집?

슬프게도 대부분은 후자로 인식되어 있지 않을까 싶어요. 예방접종, 중성화 수술, 건강검진 등의 과정을 거치면서 점점 더 두려워하게 되죠. 특히나 이 모든 것을 진행하는 자신의 주치의를 좋아하는 강아지나 고양이는 정말 드물어요. 간혹 주치의나 동물병원이라는 공간을 좋아하는 아이들이 있어요. 대기실에서 열심히 꼬리치며 놀다가 제가 호명하는 소리에 신나게 달려 들어와 반갑다고 인사를 하죠. 정말 드문 일이라는 게 슬플 뿐이에요.

이렇듯 대부분의 털북숭이들에게 동물병원 방문은 스트레스 요인이 돼요. 감이 좋은 아이들은 동물병원에 가려고 준비를 하면, 산책 갈 땐 보이지 않던 두려움에 떠는 모습을 보여요. 아니면 기분 좋게 나왔다가도 동물병원 가는 길로 들어서는 순간 무언가 잘못된 것을 알아차리고 가볍던 발걸음을 멈추기도 하죠. 그러고는 보호자분을 쳐다보며 눈으로 이런 말을 해요.

'나한테 왜 이러는 거야? 내가 잘할게, 우리 이러지 말자. 이 길은 진짜 아니잖아.'

애써 이런 눈빛을 무시하고 어르고 달래어 병원으로 데리고 들어가면 털북숭이의 우려는 현실이 되죠. 덜덜 떠는 아이를 안고 대기실에서 기다려요. 문이 열리고 수의사 선생님이 자신의 이름을 부르면 간혹 탈출을 시도해요. 보호자의 품을 가까스로 빠져나와도 동물병원 특유의 이중문을 뚫기는 쉽지 않죠. 결국 민망해하는 보호자의 손에 이끌려 진료실로 들어가요.

무언가 알 수 없는 둘만의 대화를 하는데 중간중간 본인의 이름이 들려요. 내 얘길 하는구나 싶겠죠. 잠시 후 믿었던 엄마(혹은 아빠)가 나를 악마의 손에 넘겨요. 이때 마지막 탈출을 시도하는 아이도 있어요. 성공할 리가 없죠.

처치실에 들어간 아이들은 자신의 숨겨왔던 성격을 보여줘요. '손 대기만 해봐, 한 명은 내가 의수 차게 만들어준다'라며 이빨을 잔뜩 드러내는 아이, 얼음처럼 굳어져 미동도 없는 아이, 손이 닿기도 전에 아프다고 우는 아이, 그리고 뭘 하든 그저 좋다고 꼬리치는 아이.

진료가 끝난 뒤 보호자의 품으로 다시 돌아간 털북숭이들은 열심히 표현해요. 내가 안에서 얼마나 무서웠는지, 저 악마가 나한테 무슨 짓을 했는지, 그리고 보호자가 얼마나 보고 싶었는지. 그러다 보니 보호자분들 중 간혹 이런 말씀을 하시는 분들이 계세요.

"우리 아이가 너무 병원을 싫어해서 오면 더 병날 것 같아요."

사실 대부분의 아이들은 아무리 무서워해도 병원을 다녀간 뒤로 병이 심해지거나 없던 병이 생기지 않아요. 하지만 극히 일부의 아이들은 실제로 더 병나기도 하죠. 병원에만 오면 과민성 대장 증후군 탓에 극심한 설사를 하는 아이들이 있어요(유독 진도견 아이들이 그런 경우가 많아요). 심지어 집에서는 안 보이던 공격성을 보여 보호자분을 공격하는 아이도 있고요(이건 치와와나 고양이가 많아요). 또한 병원에서는 잘 치료받고 간 뒤 집에서 심술부리는 아이들도 있지요. 이런 아이들을 위해서 보호자와 의료진은 함께 노력해야 해요. 아무런 준비도 노력도 없이 계속 병원에 데려갈 게 아니고, 그렇다고 병원을 아예 안 데려가는 것도 안 돼요.

이런 아이들을 위해서 병원 입장에서 해줄 수 있는 건 두 가지가 있어요. 따뜻하고 상냥한 말투와 행동, 그리고 약 처방이에요.

병원의 모든 직원들은 아이들이 동물병원을 무서운 공간으로 느끼지 않도록 최선을 다해요. 계속 아이가 두려워하면 털북숭이뿐만 아니라 저희도 더 힘들어진다는 것을 잘 알거든요. 그래서 항상 따뜻한 목소리로 어르고 달래며 위로하고 칭찬해 줘요. 앞에서는 악마라고 표현했지만 정말 천사같이 행동해요. 물론 위험한 행동을 할 때는 단호하게 혼내기도 하지만 악마 수준으로 대하진 않아요.

동물병원에서 이런 털북숭이들을 위해 쓸 수 있는 두 가지 종류의 약이 있어요. 졸리지 않고 마음을 평온하게 하는 신경안정제와 졸리게 하며 더 강한 진정 효과를 내는 진정제. 이중 어떤 약을 쓸지는 병원 방문 당시 아이의 흥분 정도와 그날 진행할 검사나 처치에 따라 수의사가 결정해요.

각 주치의 선생님의 선호도에 따라 다르겠지만 저는 대개 신경안정제를 먼저 처방해 드려요. 꼭 병원 방문이 아니라 하더라도 예민한 아이들에겐 다양한 상황에 적용할 수 있어요. 집에 손님이 오거나 공사할 때도 유용하게 쓰여요. 혹은 자동차나 배, 비행기를 타는 동안 두려움에 짖거나 벌벌 떠는 아이, 침을 계속 흘리는 아이에게도 신경안정제로 도움을 줄 수 있죠. 비나 천둥 번개를 무서워하는 아이들에게도 역시나 도움이 되고요.

하지만 신경안정제로는 효과가 없다면 진정제를 쓸 것을 추천드려요. 병원에서 아이들의 흥분은 환자, 보호자, 의료진뿐만 아니라 검사 결과나 치료의 질에도 영향을 미칠 수 있기에 필요하다면 써야 해요. 어디를 아파하는지 만져봐야 아는데, 잔뜩 긴장해서 온몸에 힘을 주고 있으면 아파하는 포인트를 찾을 수가 없거든요. 또한 신경 기능의 이상을 평가할 때도 과한 긴장은 신경 반응을 둔화시켜 정확한 평가가 어려워요. 너무 공격적인 성향을 가진 경우에도 거칠게 반항하며 모든 의료 행위를 어렵게 해요.

보호자분이 해줄 수 있는 것도 마찬가지예요. 병원에 오기 전 준비 과정에서부터 대기하는 시간, 진료를 받고 난 뒤에도 털북숭이가 스트레스를 덜 받도록 노력해 주세요. 고양이라면 캣닢이나 마따따비를 챙기고 케이지에 잘 들어가도록 평소에 연습을 해주세요. 대기 과정 중엔 다른 아이들과 마주치지 않도록 시선을 잘 가려 주시고, 진료를 받고 나온 뒤엔 간식이나 칭찬으로 아이를 위로해 주면 더욱 좋겠죠. 강아지라면 진료 전후로 가벼운 산책을 통해 스트레스를 해소해 주고, 잘 할 수 있다는 격려와 따뜻한 손길을 느끼게 해주세요. 애착 인형이나 좋아하는 간식이 있다면 병원에 챙겨오셔도 좋아요. 평소 병원에 잠깐 들려 간식만 먹이고 가셔도 괜찮아요. 그렇다고 평소에 처치실을 산책할 순 없으니, 놀이공원(동물병원) 내에 있는 귀신의 집(처치실) 정도로 생각하게 만드는 거죠.

이 외에도 다른 더 좋은 방법이 있는지 고민해 보고 실행해 보세요. 정 안 되면 앞에서 말씀드린 안정제나 진정제를 병원 방문 전에 미리 먹여주세요. '절대 이로 인한 부작용은 없어요!'라고 단언할 순 없지만, 이로 인한 위험성보단 이로 얻을 이득이 훨씬 더 많을 거예요.

이렇게 다 함께 노력하면 분명 털북숭이도 병원을 덜 무서워하게 될 날이 올 거예요. 털북숭이, 보호자, 의료진 모두가 행복할 그날까지 함께 노력해 보아요.

선생님 저희 방아깨비가
방아를 안 찧어요!

혹시 여러분의 지인 중에 수의사가 있나요?

아무래도 털북숭이와 함께 살아가다 보면 주변에 아는 수의사 하나 있으면 참 좋겠다 싶은 순간들이 있죠? 저는 제가 수의사라 그런 생각은 없어요. 하하. 하지만 아이를 키우는 입장에서 친한 소아과 의사가 있으면 좋겠다 싶어요. 병원을 가야 할지 조금 더 지켜봐도 될지 애매한 것들도 묻고, 가끔 진료실에서 깜빡하고 묻지 못한 것들도 편하게 물어볼 수 있으니 말이에요. 말 못 하는 털북숭이 가족과 함께 살아갈 땐 더욱 그럴 거 같아요. 특히나 병원마다 진료비가 다르고 일부 수의사들이 과잉 진료를 한다는 흉흉한 소문이 도는 이런 시기엔 믿고 물어볼 만한 사람이 필요하니까요.

저도 동물병원에서 근무한지 오래된 수의사이다 보니 주변에서 이것저것 많이들 물어봐요. 주변 친구뿐만 아니라 친구의 친구에게서도 연락이 오기도 해요. 간혹 자기 필요할 때만 연락한다고 미안하다고 하는데, 괜찮아요. 다들 바쁜데 그럴 수 있죠. 그렇게라도 오랜만에 안부를 서로 전하게 돼서 저는 오히려 좋아요.

지인에게서 가장 많이 듣는 질문은, 특정 검사나 치료를 권유받았는데 이걸 꼭 해야 되는지 묻는 거예요. 대개 비용이나 위험도가 높은 경우에 이런 질문을 하죠. 물론 이 권유를 드린 수의사 선생님도 관련 설명은 해주셨을 거예요. 그런데 사람의 심리상 이를 다시 한번 확인받고 싶어서 묻는 거 같아요. 다음으로는 어딘가 아픈 데가 있는데 병원에 꼭 데려가야 하는지를 많이 물어요. 많이 아프지 않은 상황에 나오는 질문이죠. 이 질문은 진짜 친한 사람들만 묻는 거 같아요. 무언가 속시원한 대답이 나오지 못할 거라는 걸 본인도 잘 알기 때문이지 않을까요?

그런데 간혹 '도시에서 근무하는 동물병원 수의사'의 업무 범위를 오해하고 질문을 하는 사람들이 있어요.

"야, 너 그럼 금붕어도 진료 보냐?" (꼭 물고기 안 키우는 애들이 물어봄)
"삼촌, 장수풍뎅이는 몇 살까지 살아요?" (조카가 곤충에 푹 빠진 시절, 너무 힘들었음)
"오오, 수의사면 고기도 맛있는 거 잘 고르겠다!" (이건 등급 판정사가 하는 일.
그런데 학창 시절에 얼핏 등급 판정에 대해 배운 기억이 있음)

제가 수의학과를 졸업한지 오래되어 지금과 다를 순 있지만 안타깝게도 수의대에서 곤충의 질병에 대해서는 배우지 않았어요. 조류 질병학(아픈 새)이나 수생동물 질병학(아픈 물고기), 야생 동물학(사슴, 토끼 등)이라는 학문을 배우기는 했으나 너무 짧게 배워 기억에 남는 건 하나도 없어요. 대동물(소, 돼지, 말 등)은 그래도 꽤 배우는 편인데 대학 시절 이후 손을 놓다 보니 역시나 제 머릿속엔 남아있지 않아요.

그래요. 대부분의 도심 병원에서 근무하는 수의사들은 강아지, 고양이 말곤 아무것도 몰라요. 그럼 동물원 수의사 선생님들은 도대체 어떻게 코끼리, 사자, 기린 등 수많은 종류의 동물을 치료하시는 걸까요?

공부 밖에 답이 없죠. 코끼리, 사자, 기린뿐만 아니라 뱀, 앵무새, 고슴도치, 물고기 등 자신이 치료하게 될 동물에 대해서 다시 처음부터 공부를 시작해요. 동물원에서 근무하는 수의사뿐만 아니라 일반 동물병원에서 특수동물(고양이, 강아지를 제외한 다른 동물)을 진료하는 수의사들도 마찬가지이죠. 물론 대학 6년 동안 동물 의학의 기초에 대해 열심히 배워두었기에 가능한 일일 거예요. 동물들마다 차이는 있지만 생리적인 기전이나 장기의 역할, 해부학적인 구조 등 기초적인 건 비슷한 점들이 많거든요.

'강아지와 고양이만 동물이냐! 왜 다른 동물들은 차별하냐!'라고 하신다면, 시장 논리로 설명드릴 수밖에 없어요. 수요와 공급의 법칙상 우리나라에 존재하는 동물의 비중에 따라 수의교육도 바뀌게 된거죠. 실제로 현재 수의대에서는 고양이와 강아지, 즉 소동물 위주로 학교 커리큘럼이 짜여 있지만 훨씬 이전에는 대동물 위주로 되어 있었어요. 그래서 오히려 소동물에 관련된 내용을 배울 기회가 없었다고 하시더군요. 그럴 수밖에 없는 게 당시엔 소, 돼지, 닭의 진료에 대한 수요가 더 많았을 테니까요.

이렇듯 같은 수의사라 하더라도 각자 진료할 수 있는 동물이 달라요. 졸업 이후 각자의 진로를 정하여 그에 매진하기 때문이에요. 법적으로 못 보는 건 아니에요. 소동물 수의사라고 해서 소나 말의 진료를 보는 게 금지되어 있진 않죠. 수의사 자격증을 얻고 나면 물고기, 조류, 포유류, 양서류 등 모든 동물의 진료는 다 볼 수 있어요. 단지 잘 몰라서 안 볼 뿐이죠.

그러니 혹시 당신이 포큐파인(고슴도치를 닮은 동물)을 키운다면, 집 근처 동물병원에 데려가지 말아 주세요. 부탁이에요. 무서워요. 이럴 땐 특수 동물병원을 찾아 보시는 게 정답이에요. 동물원에서 근무하다 나오신 수의사 선생님이나 이러한 선생님 밑에서 열심히 수련한 분들이 주로 특수 동물병원을 하고 계시니까요.

대학교 학창 시절 언젠가 이런 상상을 해본 적이 있어요. 한 초등학생이 병원에 뛰어 들어와 엉엉 울며 이렇게 얘길 하는 거죠.

"선생님, 우리 방아깨비가 방아를 안 찧어요. 어떡하죠?"

" ......"

어떻게 해야 할까요? 방아깨비와 여치도 구분 못하는 저인데...
그래도 일단 최선을 다해야겠죠. 의식은 있는지 혹시 다리가 부러진 건 아닌지 확인해 볼 거 같아요.

어머, 선생님이 그렇게 싫어?
안에서 맞았어?

동물병원 진료실에서 보호자분과 상담을 마친 후 털북숭이를 데리고 처치실로 들어가려고 해요. 당연히 순순히 따라 들어오려고 하는 아이는 잘 없죠. 대개 보호자분에게 돌아가려고 시도를 해요. 그럴 때 간혹 보호자분이 하시는 말씀이 있어요.

"어머, 얘 싫어하는 거 봐. 선생님이 그렇게 싫어?"

털북숭이가 저희를 싫어한다는 거 잘 알아요. 아는데 굳이 그 말을 본인 앞에서 꺼내시는 건 당사자로서는 참 불편한 일이죠. 여기서 한 술 더 떠서 이런 말씀도 하세요.

"왜? 안에 들어가서 맞았어? 선생님들이 안에서 때려?"

제발 대답을 좀 해줬으면 좋겠어요. 안에서 사람들이 너무나 상냥하게 잘해주는데, 그저 내가 엄마 아빠랑 떨어지기 싫을 뿐이라고.

수의사와 동물병원 간호 선생님 중 손과 팔이 성한 사람은 거의 없어요. 아무리 저희가 조심해도 아이들에게 물리고 할퀴고 몸부림에 맞아요. 그런데 물렸다고 아이들을 책망하진 않아요. '조금 더 조심할걸, 이 아이는 겁이 많은 아이구나. 앞으론 넥카라를 씌우고 해야겠다' 이렇게 생각하는 분들이 대부분이죠.

털북숭이들은 수의사와 처치 공간으로 들어가는 걸 싫어할 수밖에 없어요. 병원에서 행해지는 모든 의료 행위가 아이들 입장에서 보았을 땐 그저 감금과 상해로 보일 뿐이죠. 주사, 채혈, 검사, 수술, 입원 등 정말 하나도 아이들을 기분 좋게 해주는 게 없어요. 병원은 아이들의 건강을 위한 곳이지 기분 좋게 해주는 곳이 아니기 때문이죠.

다리가 부러져서 수술을 받아야 하는 상황에 안 그래도 많이 아픈데 엄마 아빠와 떨어져서 더 아픈 과정을 거쳐야 해요. 아픈 다리를 이리저리 만져보며 혹시 다른 곳도 이상이 있는지 체크해야 하고 부러진 곳 주변을 잡고 방사선 촬영도 해야 돼요. 아이들이 말을 할 수 있다면 아마도 이렇게 얘기할 거예요.

> "엄마 아빠, 나 그냥 부러진 채로 살래요."

미래의 건강과 행복을 위해 현재의 고통을 인내해야 하는 걸 아이들은 이해할 수가 없으니 이런 반응이 나올법 하죠.

동물병원 모든 의료진들이 털북숭이가 무서워지지 않게 어르고 달래 가며 때로는 간식도 주면서 노력하고 있어요. 또한 진통제나 진정제도 써가며 아이들의 통증을 최소화하기 위해 애써요. 이런 노력 몰라주셔도 괜찮으니 매서운 의심의 눈초리로 상처 주는 말들을 던지진 말아 주세요. 악의 없이 뱉은 말이라도 수의사는 마음에 상처를 받아요.

그리고 저희들도 털북숭이가 저희를 싫어하고 두려워하는 거 잘 알아요. 정말 아끼고 사랑하는 내 환자이지만 나를 싫어할 수밖에 없는, 셰익스피어의 작품에 나올법한 그런 비극이죠. 그러니 이럴 땐 두려움에 떠는 털북숭이에게 이런 식의 위로와 격려가 더 필요하지 않을까요?

"괜찮아, 너무 무서워하지 마. 선생님이 안 아프게 잘 해주실 거야."
"엄마 아빠가 밖에서 기다리고 있을게. 씩씩하게 치료 잘 받고 와, 알았지? 사랑해!"

우리 수의사 선생님은
참 궁금한 게 많으셔...

바야흐로 반려동물 양육 인구 700만 시대(2020년 인구주택총조사 결과 인용).

반려동물의 수가 늘어남에 따라 자연스레 동물병원을 찾는 분들도 늘어나고 있어요(물론 그 수 못지않게 동물병원의 수도 늘어나고 있죠). 그러다 보니 동물병원과 관련된 기사들도 많이 늘어나고 있는데요. 안타깝게도 부정적인 내용들이 많은 거 같아요.

'부르는 게 값이다', '병원마다 몇십 배 차이가 난다', '과잉 진료한다' 등 수의사들의 도덕적 해이에 관련된 기사들이 많이 올라와요. 이런 기사들을 접할 때 참 속상하다가도 부끄럽고 답답하기도 해요. 물론 비난받아 마땅한 수의사도 있겠지만, 동물과 사람 치료의 차이와 병원마다의 차이를 전혀 고려하지 않은 기사들도 많은 거 같거든요.

이런 '돈'과 관련된 많은 문제들을 가장 정직하고 올바르게 해결하는 방법은 결국 '효율성'인 것 같아요. 효율적으로 진단을 내리고 그에 맞는 정확한 치료를 하는 거죠. 그러기 위해서 가장 중요한 것이 '소통'이 아닐까 싶어요.

동물병원에서 실제로 있을 법한 이야기를 예로 들어볼게요. 한 보호자분이
털북숭이 가족을 동물병원에 데리고 가선 이렇게 얘기해요.

"원래 저와 함께 살던 아이인데 제가 결혼하면서 저희 부모님이랑 같이 살게 된
홍길명(6세, 말티즈)이 계속 구토를 했대요. 진료 좀 봐주세요."

그럼 수의사는 보통 이런 것들을 묻죠.

"언제부터 구토했나요? 뭐 특별한 거 먹은 거 있을까요?
평소에도 구토가 잦았나요? 설사는 없고요? 활동성이 떨어지진 않았나요?"

하지만 보호자분은 전혀 모르세요. 그저 구토한다고 병원 데리고 가보라는
부모님의 말씀만 듣고 걱정돼서 데리고 오셨거든요.

"지금 저희 부모님이 연락이 안 되시는 상황이라... 그냥 알아서 검사해 주세요."

자.... 그럼 과연 무슨 검사를 해야 할까요?

강아지가 구토를 한다고 하면 의심되는 질환 목록이 못해도 50개는 넘을
거예요. 그러니 우선 신체검사를 통해 의심되는 질환의 갯수를 최대한 줄인
뒤 이를 확인하기 위한 각종 검사들을 해야겠죠. 아무리 줄인다 하더라도
검사 비용이 만만치 않을 거예요. 하지만 여기서 한 가지 정보만 더 주어졌
다고 생각해 보세요.

"어제 삼겹살 드시면서 조금 주셨대요. 그 이후로 구토한다고 하던데요?"

그럼 가장 우선되는 검사를 먼저 할 거예요. 바로 췌장염 검사죠. 강아지들은 많이 기름진 음식을 먹으면 췌장염이 발생할 확률이 매우 높거든요!

혹은

> "어젯밤에 개껌 큰 거를 먹다가 컥컥거리면서 불편해하더니
> 그 이후로 계속 토해요."

그럼 식도에 이물이 걸렸는지 흉부 방사선 검사, 조영 검사 혹은 내시경 검사를 해보겠죠.

이렇듯 주어지는 정보가 많을수록 수의사들이 확인해 보아야 할 것들이 줄어들어요. 배운 티를 내서 말하자면 '감별 진단 목록'을 줄이는 거죠(감별 진단 목록이란 증상과 검사를 통해 의심되는 질병들을 나열한 목록을 의미해요). 즉 많은 정보가 주어질수록 감별 진단 목록을 조금 더 정확하게 그리고 간단하게 만들 수 있어요. 그렇기 때문에 많은 정보들을 수의사에게 제공해 주셔야 해요. 그래서 진료실에서 이런저런 많은 것들을 묻고 답하며 수의사들은 질병의 실마리를 찾게 돼요.

그런데 여기서 또 문제가 발생해요. 바로 전달 상의 오류인데요. 또 하나의 예를 들어볼게요.

위의 보호자분이 며칠 뒤 다시 오셨어요.

"선생님. 얘가 지난번에 처방받은 약 먹인 뒤로 구토는 바로 멈췄대요.
그런데 이제는 목에 피부병이 생긴 거 같다고 데리고 가보라고 하셔서요."

자, 그럼 이런 상황에 여러분이 수의사라면 어떻게 하시겠어요? 당연히 목 피부를 확인해 보겠죠. 어라? 그런데 목에 별다른 이상이 없어요.

"목 어디에 피부병이 있다는 말씀이실까요?"
"저도 잘 모르겠어요. 목 어디를 계속 긁었다던데..."

자, 무엇이 문제였을까요?

사실 홍길멍이는 목 디스크가 있어서 목에 통증을 느낀 거였어요. 그런데 홍길멍이가 아무리 '멍멍'거리며 목이 아프다고 해봤자 부모님께서는 못 알아 들으시죠. 그래서 어떻게 하면 통증을 해결할 수 있을까 생각하다 나온 결론이 바로 뒷다리로 아픈 곳을 열심히 긁는 거였어요. 목뒤는 핥을 수 없으니까요. 그런데 이 동작을 보고선 길멍이의 가족분들은 '어라? 얘가 목이 가렵나? 피부병이 있나 보네'라고 잘못 해석을 하신 거죠. 그래서 이걸 따님에게 전달한 거고 따님은 앞뒤 상황 모르고 수의사에게 피부병이 있다고 얘길 하셨고요('위기탈출 넘버원'이란 프로에 나올 법한 과장된 상황 같죠? 실제로 일어난 일에 약간의 각색을 더한 거예요).

이처럼 털북숭이들의 '언어'를 보호자분들이 잘못 해석하시는 경우가 많아요. 그럴 수밖에요. 쓰는 언어가 다른걸요. 그러다 보니 수의사에게 잘못 전달되는 경우가 많고 그로 인해 필요 없는 검사들이 진행될 수 있어요. 이런 게 결국 과도한 비용 청구로 이어지게 되죠.

두 가지 사례를 들어봤는데요. 이러한 이유로 수의사와 반려 가족 사이엔 많은 소통이 필요해요. 물론 예상되는 비용에 대한 소통도 빠질 순 없겠지만, 그에 못지않게 중요한 것이 바로 필요한 검사만 진행해서 진료비의 거품을 줄일 수 있게 해주는 소통이지 않을까 싶어요.

그래서 제가 진료실에서 보호자와 많은 대화를 나누고 시간이 오래 걸리는 거예요(우리 병원 동료들에게 하는 말이에요. 하하하. 너무 오래 걸린다고 하도 뭐라고 들 해서요. 쳇). 그러니 수의사가 계속 꼬치꼬치 캐물어도, 여러분의 말을 의심하는듯 보여도 너무 기분 나빠하지 마세요.

질병의 실마리를 찾고 잘못된 해석을 밝혀내어 좀 더 효율적인 치료를 하기 위해서니까요!

얼마 전 한 동화책에서 본 내용인데요. 아래 문장을 읽고 어떤 동물에 대한 설명일지 생각해 보세요.

'몸은 회색이며 귀가 크고 꼬리가 몸에 비해 얇다.'

무슨 동물일 거 같나요?
코끼리? 쥐? 너무나 다른 두 동물이 저 조건에 모두 부합하죠. 그렇다면 여기에 '체중은 대개 1kg보다 가볍다'는 내용이 들어가면 어떨까요? 혹은 '코가 매우 길다'라던가요.

이렇듯 정보는 많을수록 더 정확한 진단이 가능해요. 그러니 수의사 선생님이 코끼리를 보고 쥐라고 진단 내리지 않게끔 도와주세요.

제목에 쓴 '우리 수의사 선생님은 참 궁금한 게 많으셔'는 한 보호자분께 들었던 말이에요. 노령인 아이가 설사한다고 하여 이런저런 것들을 여쭤보았더니 저렇게 말씀하시더군요. 그러면서 그냥 설사약이나 지어주면 되지 뭘 그렇게 꼬치꼬치 캐묻냐고 하셨죠. 나이 많은 아이라 혹여나 만성 신장 질환이나 종양 등의 다른 큰 문제 때문이진 않을까 걱정해서 여쭤본 건데, 과잉 진료하려고 눈에 불을 켜고 달려드는 사람으로 보였나 싶어요. 부디 수의사에게 이런 오해를 하고 계시는 분이 있다면 이제는 저희의 마음을 이해해 주셨으면 해요.

우리 아이는 수면 마취로 하나요? 전신 마취로 하나요?

견생, 묘생을 살아가며 마취를 할 일이 없다면 가장 좋겠죠. 하지만 어쩔 수 없이 마취를 해야만 하는 순간들이 있어요. 중성화 수술이나 스케일링과 같은 예방적 차원의 목적 말고도 CT나 MRI 촬영, 골절이나 종양 제거 수술 등 질병의 진단이나 치료를 위해서도 마취가 필요하죠. 그런데 이 마취의 종류에 대해서 많은 오해를 하고 계세요. 그래서 이 부분에 대한 오해를 좀 풀어보고자 해요.

마취는 마취제가 작용하는 부위에 따라 '국소 마취'와 '전신 마취'로 나뉘어요.

국소 마취는 의식은 멀쩡한 상태에서 신체 일부분만 무감각하게 만드는 거예요. 대개 시간이 오래 걸리지 않는 간단한 수술을 할 때 사용해요. 집에서 셀프 미용을 하다 겨드랑이나 사타구니 피부가 조금 찢어져서 오는 경우가 종종 있어요. 그럴 때 진통 주사와 함께 해당 부위 주변으로 국소 마취를 해요. 그러면 찢어진 곳을 봉합하는 동안 아이가 아프지 않게 해주죠.

국소 마취는 저렴한 비용으로 빠르게 진행 가능해요. 시술이 필요한 곳 주변에 직접 주사하면 5분도 안 되어 해당 부위가 무감각해지거든요. 신속하고 아프지 않게 의료 행위가 가능하죠(단, 국소 마취제를 주사할 때 좀 아파요). 또한 국소 마취를 위한 사전 검사가 필요 없기에 이를 위한 시간이나 비용이 추가되지도 않아요.

하지만 국소 마취는 모든 부위에 적용할 수 없어요. 가끔 아이들 사료 그릇에 대고 가위로 간식을 잘라주다 혀가 일부 잘려서 오는 경우가 있어요. 성격 급한 아이들이 빨리 먹으려고 혀를 날름하다 그만 이런 불상사가 발생하죠. 혀는 출혈도 많고 잠시도 가만히 있지 않기에 봉합할 경우엔 무조건 전신 마취를 해야 돼요. 눈꺼풀도 마찬가지죠. 눈을 계속 깜빡거리기도 하거니와 자칫 잘못하면 눈을 손상시킬 수 있어요. 이 외에도 안전성이 확보되지 않거나 심하게 흥분하는 아이의 경우엔 국소 마취만으로는 안전하고 정확한 시술을 할 수가 없어요.

전신 마취는 의식이 없이 몸 전체를 무감각하게 만드는 거예요. 수면 마취라고도 하죠. 국소 마취로는 통제되지 않는 상황이나 개복 수술이 필요한 상황 등에 쓰여요. 조금 찢어져서 몇 땀 봉합하는 수준을 제외한 모든 수술에 쓰인다 생각하시면 돼요.

아무래도 아이가 의료 행위를 하는 동안 움직이지 않으니 의료진 입장에서는 훨씬 아이에게 집중하여 의료 행위를 진행할 수 있어요. 하지만 안전한 전신 마취를 위해서는 일부 사전 검사가 필요해요. 게다가 마취를 준비하고 시행하는 것부터 의료 행위가 끝나고 마취에서 깨어나는 데까지 많은 시간과 비용이 소요돼요.

이러한 전신 마취를 하는 방법은 마취제를 환자에게 전달하는 방식에 따라 두 가지로 나뉘어요.

첫 번째로 주사 마취 방식이 있어요.

액체로 된 마취제를 주사기를 통해 근육이나 혈관으로 주입해서 마취를 하는 방식이에요. 준비가 간단하고 빠르며 비용이 저렴하다는 장점이 있지만, 지속 기간이 길지 않고 환자의 상태에 따라 즉각적인 농도 조절이 어렵다는 단점이 있어요. 마취제를 투여 후 생각보다 금방 수술이 끝났다고 해서 이미 혈관으로 들어간 마취제를 빼낼 수가 없어요. 그래서 수술이 끝났음에도 불구하고 아이는 마취된 상태에서 자연스레 회복될 때까지 기다려야 해요. 반대로 수술 과정 중에 갑자기 마취에서 깨어나려는 조짐이 보일 때가 있어요. 그럼 다시 추가 마취제를 투여해야 하죠. 수술이 길어질수록 혹은 환자가 마취제에 강한 내성을 보일수록 다량의 마취제가 사용되기에 회복도 느려지고 다른 장기의 손상도 초래할 수 있어요.

그래서 주사 마취는 주로 간단한 수술에서 많이 쓰여요. 저는 수컷 중성화, 피부나 구강의 작은 종괴 제거, 치아 방사선 촬영과 같은 10분 내외로 끝나는 수술이나 검사를 할 때 주사 마취를 이용해요.

두 번째로 호흡 마취, 가스 마취라고도 하죠.

호흡 마취는 가스 형태로 기화시킨 마취제가 폐를 통해 환자에게 전달되어 마취가 되는 방식이에요. 준비 시간이 길고 상대적으로 비용이 많이 들지만, 환자 상태에 따라 즉각적인 마취 농도 조절이 가능하고 지속 시간도 길게 유지할 수 있다는 장점이 있어요. 마취가 유지되는 동안 환자의 상태를 파악하여 즉시 마취 농도를 조절할 수 있어서 너무 과하지도 않게, 너무 얕지도 않게 적절한 마취 상태를 유지하기 매우 용이해요.

그래서 대부분의 수술에서 호흡 마취를 이용해요. 아무래도 주사 마취에 비해 안전성이 훨씬 높기에 가장 추천되는 방식이에요. 하지만 주사 마취에 비해 훨씬 비싸고 시간도 오래 걸려요. 따라서 환자에게 필요한 마취 시간과 통증의 정도, 환자의 상태 등을 파악해서 어떤 방식의 마취가 가장 효과적일지 판단해야겠죠.

마지막으로 마취할 때 가장 많이 물으시는 질문은 바로 이거예요.

"마취해도 괜찮을까요? 혹시나 못 깨어나면 어떡하죠?"

눈에 넣어도 안 아플 내 새끼를 마취제로 재워야 한다고 하니 당연히 걱정이 앞서요. 주변에서 마취와 관련된 비화나 괴담을 들었거나, 마취나 수술로 인한 아픈 경험이 있으신 분들께서 특히 걱정을 많이 하시죠.

세상에 100% 안전한 전신 마취란 없어요. 그렇기에 마취하기 전에 꼭 폐나 간, 콩팥, 혈당, 빈혈 수치 등을 체크하는 거예요. 충분한 사전 검사를 통해 마취의 위험도가 얼마나 높은지 평가를 해야 100%에 가까운 안전한 마취가 시행될 수 있거든요. 그리고 또 중요한 건 바로 마취를 통해 털북숭이가 얻게 되는 이득이 무엇인지 명확하게 파악하는 일이에요.

털북숭이의 현재 상태에서 마취의 위험도와 마취로 인해 얻을 이득을 잘 비교하여 마취 진행 여부를 결정해야 돼요. 불필요한 목적의 마취를 해선 안 되지만, 꼭 필요한 상황임에도 불구하고 마취에 대한 막연한 두려움 때문에 치료를 포기해선 안 돼요. 아프지 않고 오랫동안 함께 행복하기 위해 잠시 리스크를 감당하는 거라 생각하셔야 해요. 이러한 걱정이 현실이 되지 않도록 우리 수의사들도 더욱 신중히 생각하고 노력해야겠죠.

부디 이 글을 읽는 독자분들의 털북숭이 가족에겐 이런 고민을 할 상황이 없기를 간절히 바랄게요!

아니 무슨 개 병원비가
이렇게 비싸?

여러분은 동물병원에서 청구된 비용을 보고 깜짝 놀란 적이 있으세요? 작년에 진행된 한 설문조사 결과를 보니 동물병원에 관련된 불만족 원인 TOP 3는 전부 진료비와 관련된 것들이었어요. 필요 없는 검사를 무리하게 요구하거나 보호자 동의 없이 비싼 검사를 진행하고, 같은 치료인데 병원마다 비용의 차이가 있다는 것이 주된 내용이었죠.

동물병원에서의 진료는 보통 다음과 같이 진행돼요. 증상을 듣고 간단한 신체검사를 해요. 그 결과를 토대로 몇 가지 질병을 예상할 수 있어요. 예상되는 질병을 확인하기 위해 어떤 검사를 진행할지 결정하고 검사 결과를 통해 진단을 내리죠. 진단이 나오면 치료 방법을 결정하여 그에 대한 반응을 보게 돼요. 물론 예외는 있겠지만 각 단계마다 보호자분이 납득할 수 있을 정도의 충분한 설명을 드리고 예상 비용도 고지하여 진행 여부를 결정하는 것이 맞다고 생각해요. 그래야 위에서 언급된 '불만족' 사항들이 최소화될 것이기 때문이에요.

그렇다면 과연 이런 절차를 거치고 나면 비용에 대해 납득하실까요? 실제 위의 방식대로 진행을 해도 검사나 치료 비용을 듣고 놀라시는 분들이 많아요. 대부분의 보호자가 예상했던 금액과 차이가 난다고 말하세요.

사람은 무언가에 대한 값어치를 평가할 때 기존의 경험적 지식을 사용하게 돼요. 만약 지구상에 존재하는지도 몰랐던 그런 물체를 보여주고 이건 얼마일 거 같냐고 묻는다면? 쉽게 가격을 예상하지 못할 거예요. 하지만 처음 보는 과자 한 봉지를 놓고 얼마일 거 같냐고 물어보면 대다수의 사람들은 기존에 구매했던 과자 한 봉지의 값과 비슷한 수준으로 예상할 거예요. 천 원에서 이천 원 사이 혹은 비싸 봤자 삼사천 원?
그렇다면 동물병원 진료비가 비싸다고 느끼는 분들은 과연 무엇과 비교해서 그러한 판단을 내리는 걸까요? 바로 우리들이 가는 일반 병원에서의 진료비를 기준으로 판단 내리게 돼요. 그도 그럴 것이 굉장히 유사해 보이거든요.

우선은 같은 의료 서비스 업종에 속해요. 게다가 대부분 병원이나 약국에서 본인 혹은 가족의 진료 비용을 지불해 본 경험이 있어요. 그때의 경험을 바탕으로 나도 모르는 사이 의료 서비스에 대한 예상 가격대를 설정해요. 그런데 여기서 문제가 발생해요. 사람 의료와 동물 의료 간엔 많은 차이가 있거든요.

우선 가장 큰 차이는 바로 국민 건강 보험의 유무이지 않을까 싶어요.
사람이 병원과 약국에서 내는 비용은 실제 발생한 비용 대비 적게는 5%, 많게는 60%밖에 되지 않아요(본인 부담 비용의 차이가 큰 이유는 '누가', '어디서', '어떤' 진료를 받냐에 따라 본인 부담률이 달라지기 때문이에요). 나머지 비용은 전 국민

이 매달 내는 건강 보험료로 운영되는 건강 보험 공단에서 부담하죠. 그러다 보니 발생된 비용 100%를 다 내야 하는 동물병원과는 차이가 날 수밖에 없어요. 게다가 사람 진료엔 부가세가 붙지 않아요. 하지만 예방접종과 중성화 수술을 제외한 동물병원에서 행해지는 모든 진료엔 부가세 10%가 붙어요. 즉 동물병원에서 발생한 비용의 100%를 내는 게 아닌 110%를 내야 돼요. 국민 건강 보험 덕에 20%만 낼 경우 같은 청구 비용이 나와도 결제하는 비용은 무려 5.5배의 차이가 발생하게 되죠.

이외에도 말이 통하지 않는 털북숭이이기에 생기는 차이들도 있어요. 우선 사람 대비 상담 시간이 훨씬 길어요. 말 못 하는 털북숭이가 어디가 아픈지 정확히 모르니 여러 정보들을 종합해야 하기에 상담 시간이 길어질 수밖에 없죠. 일반 병원에선 의사 선생님과 얘기하는 시간이 3분도 채 안 되는 거 같아요. 하지만 동물병원에선 훨씬 오랜 시간을 상담하죠. 조금이라도 더 많은 정보를 얻고 그에 알맞은 검사와 진단, 치료를 하기 위해서예요. 게다가 무슨 검사를 하든 털북숭이들은 비협조적이에요. 피를 뽑을 때도, 초음파를 볼 때도, 방사선을 찍을 때도 항상 털북숭이를 잡고 움직이지 못하게 해 줄 추가 인력이 두세 명 정도 필요해요. 거기다 같은 약을 쓰더라도 동물병원에 공급되는 약의 비용이 더 비싸요. 법의 구조적인 문제로 공급 중간 단계가 늘어나고 약을 대량 구매할 수 없어요. 거기다 동물 전용 약들은 대개 훨씬 비싼 가격에 공급돼요. 그러다 보니 원재료비 자체에 차이가 나죠.

이런 여러 요소들로 인해 사람과 동물 간의 진료비에는 차이가 나요. 사회 제도적인 차이뿐만 아니라 '언어를 사용하는 동물인 사람'과 '언어를 사용하지 못하는 동물인 털북숭이'간의 특성에서 오는 차이도 있죠. 그래서 똑같은 진료를 보더라도 비용이 달라질 수밖에 없어요. 그런데 간혹 이러한 차이에 대한 고려 없이 일반 병원과 단순 비교하여 비난하는 분들이 계세요.

허위 진료나 과잉 진료와 같은 극히 일부 수의사들의 도덕적 해이에서 발생되는 문제에 대해 얘기하는 게 아니에요. 현실적인 이유로 발생되는 차이를 색안경을 끼고 판단하지 말아 달라는 부탁이에요. 빨간색 색안경을 끼고 세상을 보면 온 세상이 빨갛게 보일 수밖에 없어요. 부디 오늘 이 글을 통해 동물병원과 수의사에 대한 오해가 조금은 해소되셨길 바라요.

사실 위에서 언급하지 않은 가장 큰 차이가 있어요. 그건 바로 사람이냐 아니냐는 거예요. 고양이기 때문에, 강아지기 때문에 건강을 위해 혹은 몇 개월의 연명 치료를 위해 큰돈을 쓸 필요가 없다는 거죠. 하지만 위에서 이를 언급하지 않은 이유는 명확해요. 저는 '짐승 한 마리' 키우는 분께 이야기하는 게 아니에요. 털북숭이 '가족'과 함께 살아가는 분들께 이야기하는 거니까요.

예약 시간에 맞춰 왔는데
왜 기다려야 돼요?!

여러분은 털북숭이의 주치의 선생님을 만나러 갈 때 예약을 잡고 가시나요? 물론 없는 곳도 있겠지만 많은 동물병원들이 예약 시스템을 운영하고 있을 거예요. 이러한 병원에서는 주로 적극적으로 예약 시간을 잡아요. 예약을 잡는 것에서 더 나아가 예약일 전날이나 당일에 자동으로 문자가 가게끔 프로그램을 세팅해두죠. 그래서 보호자가 예약을 잊지 않고 병원에 방문할 수 있도록 도와주어요.

병원에서 이렇게 열심히 예약을 잡는 이유는 치료가 완료되기 전에 보호자가 임의로 치료를 중단하는 것을 막기 위해서예요. 예약 시간을 잡지 않고 며칠 뒤에 보자는 말씀만 드리면 바쁜 삶 속에 쉽게 잊히기도 하죠. 그리고 또 하나의 이유가 있어요. 바로 보호자와 환자의 병원 내 대기 시간을 줄이기 위해서예요.

회사가 많이 입주해있는 지역의 식당을 점심시간에 방문해 보셨나요? 다른 유명 식당들도 마찬가지이긴 하겠지만 특히나 회사 근처 식당은 몰리는 시간과 아닌 시간이 극명하게 나뉘어요. 카페도 마찬가지예요. 출근 시간대와

점심시간대에 엄청난 대기 인파가 생겨요.

식당이나 카페만큼은 아니지만 동물병원도 이와 비슷하게 환자가 몰리는 시간대가 있어요. 물론 병원 주변의 환경에 따라 좀 다를 듯하지만, 저희 병원의 경우 토요일, 일요일이 가장 대기 시간이 길어요. 아무래도 직장에 다니는 보호자분은 평일에 동물병원에 방문하기 힘들어서 그런 거 같아요. 그리고 비가 오거나 눈이 오는 날엔 병원이 한가해요. 이런 날은 아이들을 데리고 나오기에 쉽지 않은 환경이라 그래요.

대기 시간이 길어지면 모두가 힘들어져요. 대다수의 털북숭이들에게 동물병원은 그리 좋은 기억을 주는 공간이 아니에요. 그 공간에 있는 것 자체가 아이들에겐 큰 스트레스가 될 수 있죠. 게다가 다른 강아지나 낯선 사람을 싫어하는 아이들에겐 특히나 더욱 힘든 시간이 될 거예요.

스트레스를 받는 털북숭이로 인해 보호자분도 힘들어져요. 다른 아이와 혹시 싸우기라도 할까 걱정하고, 병원에만 오면 부르르 떠는 아이를 꼭 안고 달래느라 진땀을 빼죠.

환자와 보호자분이 이렇게 힘든 시간을 보내고 있는 걸 알고 있는 저희로서도 대기 시간을 최소화하기 위해 애를 써요. 상담을 좀 더 빠르게 진행하고 화장실 갈 시간이나 식사 시간을 줄여가면서 노력해요. 그리고 기다리는 동안 지루하지 않게 보호자분들을 위한 책자나 영상을 준비해 두죠(지루해하는 털북숭이를 위한 것에는 뭐가 있을까요? 위생상의 문제로 장난감을 두기는 어렵고… 항상 고민되는 부분이에요).

예약 시간을 설정하면 이러한 대기 시간을 감소시킬 수 있어요. 예약 없이 찾아오는 분들의 시간을 저희가 분산시킬 순 없지만 예약 환자의 경우 보호자분과 주치의의 스케줄을 맞춰보고 분산이 가능하죠. 오래 걸리는 아이는 사람이 덜 붐비는 시간에 충분한 시간을 확보해 두고, 금방 끝날 아이는 짧은 여유 시간에 잡아두죠. 모두가 윈윈하는 거예요.

그런데 여기서 작은 문제가 있어요. 바로 예약 시간에 대한 각자의 생각이 다르다는 거예요.

보호자분들은 대개 예약 시간이 진료 시작 시간이라고 생각하세요. 너무나 당연한 말 같죠. '예약 시간에 진료를 시작해야지, 그럼 도대체 왜 예약을 잡아?!' 이런 생각이 드실 거예요.

네, 충분히 이해해요. 저희도 그렇게 되게끔 노력하고 있어요. 하지만 동물병원의 특성상 이를 지키기가 너무 어려워요.

우선 반려동물의 특성상 증상만 가지고 진료 시간을 예상하기가 너무 어려워요. 예를 들어 털북숭이가 구토를 해서 병원에 예약을 잡았다고 생각해 보죠. 상담을 해보니 빈속인 상태가 지속되어 나타나는 공복성 구토였어요. 그러면 딱히 처치할 것 없이 관련 내용을 설명해 드리고 간단하게 마무리될 거예요. 심하지 않다면 약도 필요 없고 그저 식사 패턴만 바꿔도 돼요. 이 모든 과정은 10분이면 충분하죠.
그런데 똑같이 구토로 예약하고 온 아이가 있어요. 상담을 해보니 구토 횟수나 양이 심상치가 않아요. 방사선과 초음파 검사를 통해 이물질이 위 내에 있는 것이 확인되었고 갑자기 응급 수술을 하게 돼요. 그럼 못해도 2시간은 필요할 거예요. 이렇듯 같은 구토라 할지라도 걸리는 진료 시간은 그 원인에 따라 천차만별이에요.

똑같은 검사를 한다 해도 아이의 성향에 따라 시간이 다르게 소요되는 경우도 있어요. 신체검사, 채혈, 방사선 검사, 초음파 검사 등 병원에서 진행되는 여러 검사들은 고유의 자세를 일정 시간 동안 유지해야 해요. 사람이야 말을 잘 들으니 의사가 시키는 대로 잘 따라 하죠. 털북숭이들은 달라요.

간혹 얌전하고 협조적인 아이는 정말 조금의 움직임도 없이 얌전히 누워있어요. 그런데 이 모든 검사를 거부하는 아이들도 있어요. 방사선을 찍기 위해 눕혀 놓으면 마치 갓 잡은 생선처럼 파닥파닥 온몸으로 몸부림치는 아이들이 있죠. 이렇게 계속 움직이면 검사가 아예 불가능해요. 그렇다고 이런 아이들을 힘으로 꽉 잡으면 대개 더욱 맹렬히 몸부림치고 대소변을 보거나 관절에 손상을 입기도 해요. 결국은 어르고 달래고 최대한 덜 불편하게 하는 수밖에 없죠. 그래도 안 되면 결국 진정제를 투여하는 방법을 써야 해요. 이런 과정을 거치는 것도 적지 않은 시간이 소요되기에 아이의 성향에 따라서도 진료 시간이 달라지게 돼요.

게다가 예약 없이 오는 아이들도 많아요. 갑자기 아파하는 아이의 진료를 보기 위해 몇 시간 혹은 며칠 뒤 예약을 잡고 그 시간이 될 때까지 기다릴 순 없잖아요. 이렇듯 기존 예약 환자의 진료 시간이 예상외로 길어지고 중간에 예약 없이 응급으로 오는 아이들까지 겹치면 다음 예약 환자들의 대기 시간이 길어지게 돼요. 이러면 예약 시간에 맞춰서 오신 분들께는 참 죄송하죠. 저희도 정말 최선을 다해 예약 시간에 맞춰 진료를 들어가려고 해요. 그런데 정말 아무리 노력해도 어려울 때가 있어요.

너무나 감사하게도 저희 상황을 이해해 주시고 예약 시간에 맞춰 오신 후 1시간 가까이 기다리셔도 '오늘은 병원이 좀 바쁘네요, 하하하' 하고 웃어넘기는 분들이 계세요. 반면에 예약 시간으로부터 5분도 채 지나기 전에 접수처 직원에 화를 내며 예약 시간 지났는데 왜 진료 안 들어가냐고 소리치는 분들도 계시고요.

예약 시간에 딱 맞춰 들어갈 수 없는 여러 이유들에 대해 이해해 주신다면 '예약 시간'에 대한 의미를 다음과 같이 생각해 주시면 좋을 거 같아요.

예약 시간이라 함은 그 시간에 진료를 시작하겠다는 약속 시간이 아니에요. 그 시간에 해당 아이가 진료 대기 1순위가 되는 진료 우선권이 주어지는 거예요. 예약하지 않고 먼저 와서 대기하고 있던 아이들보다 앞서 진료를 들어가게끔 한다는 뜻으로 생각해 주세요. 그리고 병원 직원들도 여러분들의 예약 시간에 맞춰 진료가 시작될 수 있도록 최선을 다하고 있다는 점도 기억해 주세요.

간혹 대기 0순위인 아이들이 있어요. 예약 시간에 맞춰 온 털북숭이보다 예약도 없이 더 늦게 왔는데 먼저 진료를 들어가는 상황! 바로 응급 상황이죠. 응급 상황인 아이에겐 양보를 부탁드려요. 그럴 일이 없으면 더욱 좋겠지만 만에 하나 내 아이가 응급 상황이 돼도 똑같이 0순위가 되어 진료를 보게 될 테니까요. 단 응급 상황이냐 아니냐에 대한 판단은 수의사가 내려야 하겠죠?!

만약 내가 다니는 병원은 매번 예약 시간에 가도 계속 기다리게 된다면?! 예약 잡기 전에 한번 물어보세요. 어느 시간이 가장 한가한지. 보통 진료 시작 후 첫 예약은 대기가 거의 없어요. 대기가 있을 수가 없죠. 24시간 병원이라면 주치의 선생님 출근 직후 시간대를 노리는 게 가장 확실할 거예요. 저희 병원엔 바로 옆에 좋은 산책길이 있어 대기 시간이 길어질 경우 아이와 함께 가볍게 산책을 다녀오시는 분들도 계세요. 병원과 합의만 가능하다면 이런 방법도 괜찮지 않을까요?

병원 자체에서 예약을 받지 않는 곳들도 있어요. 제 선배님의 병원도 예약 시스템을 아예 없애버렸다고 하더군요. 이유를 물어보니 대기 손님이 워낙 많은데 사전 연락도 없이 예약 시간에 오지 않는 노쇼(no-show) 환자가 너무 많아져서 어쩔 수 없었다고 하더군요. 그래도 요새는 노쇼 환자가 많이 줄어들고 있어요. 이전에 비해 예약 시간에 맞춰 오시거나 미리 전화로 예약 취소나 변경 요청을 하시는 분들이 늘어났어요. 여러분도 이런 매너를 갖추셨을 거라 생각해요!

4장

알아두면 있어 보이는
반려동물 TMI

가수분해 단백질 사료 vs 단일 단백질 사료

"우리집 털북숭이는 닭고기 들어간 걸 먹으면 온몸에 트러블이 생겨요!"
"우리 애는 알레르기가 심해서 가수분해 사료를 먹는데 영 효과가 없어요."
"곤충 사료가 음식 알레르기에 좋다는데 사실인가요?"

영국에서 진행된 한 연구에 따르면 피부병이 있는 강아지와 고양이 중 음식 알레르기를 가지고 있는 비율은 5%가량 된다고 해요. 개인적인 생각으로는 우리나라에서 더 높은 비율로 확인될 거 같아요. 특정 음식을 먹으면 바로 피부가 뒤집어지는 아이들이 정말 많이 있거든요.

이런 아이들은 특정 음식물에 알레르기 반응이 있기 때문에 항상 먹는 것을 조심해야 해요. 특히 사료는 먹는 것의 가장 큰 부분을 차지하기에 여러 사료 회사에서 음식 알레르기를 가지고 있는 아이들을 위해 특별한 사료를 만들었어요. 그중 가장 대표적인 것이 바로 '가수분해 단백질' 혹은 '단일 단백질'을 사용한 사료예요. 하지만 대다수의 보호자분들은 이 사료들의 차이를 잘 몰라요. 그래서 그 개념을 조금 색다르게 설명해 볼까 해요. 일단 동화를 하나 들려드릴게요.

옛날 아주 먼 옛날, 거인들이 살고 있었어요. 이 거인은 느릿느릿 어슬렁거리며 여러 색깔의 바위들을 주워 먹고살았어요. 빨간 바위, 노란 바위, 파란 바위 등등 다양한 색깔의 바위를 우걱우걱 씹어 먹었죠. 거인이 씹어먹은 커다란 바위는 수많은 조약돌로 쪼개져 거인의 배 속으로 들어갔어요. 빨간 바위는 빨간 조약돌이 되어, 파란 바위는 파란 조약돌이 되어 배 속으로 들어갔어요.

이 거인의 배 속에는 아주 못된 난쟁이들이 살고 있었어요. 이 난쟁이들은 조약돌을 잡기 딱 좋은 크기의 손을 가지고 있었죠. 그래서 자기가 좋아하는 색깔의 조약돌이 들어오면 그 조약돌을 손으로 꼭 잡고 거인의 배를 마구 때려댔어요. 난쟁이들이 거인의 배 속에서 배를 때리면 거인은 배가 아파 조약똥 설사를 하거나 피부에 트러블이 생기곤 했죠.

이 광경을 지켜본 한 착한 소녀는 거인들을 도와주고 싶었어요. '논리적 사고'가 부족한 거인들은 자기의 배가 왜 아픈지, 왜 피부 트러블이 계속 생기는지 알 수 없었거든요. 그래서 소녀는 거인을 위해 꾀를 내었어요.

첫 번째 방법은 바로 거인에게 난쟁이들이 좋아하지 않는 색의 바위만 먹게끔 하는 거였어요. 빨간 바위와 파란 바위를 좋아하는 난쟁이를 배 속에 담고 사는 거인에겐 검은 바위를, 검은 바위와 노란 바위를 좋아하는 난쟁이를 담고 사는 거인에겐 황금 바위를 주는 것이었죠. 이 방법은 매우 효과적이었어요! 난쟁이들은 자기가 좋아하는 색의 조약돌이 아니면 거들떠보지도 않았거든요. 하지만 문제는 난쟁이의 취향을 알아내기가 어렵다는 거였어요. 겉으로 봐서는 난쟁이의 취향을 알 수 없었기에 한동안 한 가지 색의 바위만 먹이면서 거인의 반응을 살펴보아야 했죠. 시간이 참 많이 걸리고 어려운 작업이었어요. 거인은 맛이 없다고 안 먹거나, 소녀 몰래 다른 색의 바위를 주워 먹기도 했어요.

소녀는 이런 힘들고 지루한 과정을 대체하기 위해 생소한 색깔의 바위를 먹이기도 했어요. 옛날부터 거인들은 주로 빨강, 노랑, 파랑, 초록 등 흔한 색의 바위들을 먹다 보니, 못된 난쟁이들도 주로 이런 색의 바위를 좋아했거든요. 꽃담황토색, 고무 대야색 등 낯선 색의 바위는 대부분 성공적이었죠. 하지만 아무리 바꿔봐도 개선되지 않는 거인들도 있었어요.

두 번째 방법은 바로 난쟁이 손에 잡히지 않을 정도의 크기로 조약돌을 쪼개 주는 거였어요. 이 특수 바위를 씹어 먹으니 조약돌보다 크기가 작은 모래가 되어 배 속으로 들어갔고 난쟁이의 손으로는 모래를 잡을 수 없어 거인을 괴롭힐 수 없었죠. 이 방법도 매우 효과적이었어요! 하지만 단점이 있었어요. 바로 맛이 없다는 것과 모래 설사를 할 수 있다는 점이었죠.

결국 소녀는 거인들을 위해 이런저런 노력을 해보았지만 '정답'이라고 할 만한 방법을 찾아낼 수 없었어요. 하지만 두 방법을 시도해 보며 각각의 거인들에게 가장 알맞은 방법을 찾아내는 것이 거인들을 위한 길이라는 것을 소녀는 알 수 있었어요.

'단일 단백질 사료', '곤충 단백질 사료'는 모두 난쟁이들이 싫어하는 색의 바위를 쓰는 방법이에요. 그래서 오랫동안 사료에 써 왔던 닭고기, 돼지고기 등은 제외하고 흔히 쓰지 않는 생선, 곤충, 사슴 등의 단백질을 쓰면 알레르기가 일어날 확률이 낮아지죠. 하지만 앞에서 말한 대로 이러한 특수한 동물 기원의 단백질에도 알레르기 반응을 보이거나 시간이 지남에 따라 알레르기 성향을 띠는 경우가 있어요. 실제로 식이 알레르기가 심한 제 환자는 곤충 단백질 사료가 처음 나온 뒤 즉시 시도해 보았지만 처음 먹어보았음에도 불구하고 극심한 가려움증과 세균성 피부염이 발생하였어요.

'가수분해 단백질 사료'는 조약돌을 쪼개어 모래로 만드는 방법이에요. 단백질의 기본 구조가 조약돌 정도의 크기이고 이를 인식하는 소화기관의 면역 세포가 난쟁이의 손이라면, 난쟁이의 손이 잡을 수 없을 정도로 잘게 쪼개놓은 단백질 입자로 만들어진 사료를 제공하는 거죠. 그럼 모래 크기의 단백질을 난쟁이가 잡을 수 없으니 알레르기가 발생되지 않겠죠. 하지만 너무나 작아진 단백질 때문에 삼투성 설사를 일으키거나 기호성이 떨어지는 경우가 있어요. 또한 이러한 이론에도 불구하고 알레르기가 생기기도 하고요.

이중 뭐가 더 나은 방법이라는 건 없어요. 각 털북숭이의 기호와 사료에 대한 반응, 보호자의 상황 등에 맞춰 최선의 방법을 찾아야 해요. 그래서 저는 가수분해 단백질 사료로 2개월 정도 급여하며 털북숭이의 반응을 보고, 그후 반응에 따라 이를 계속 먹일지, 단일 단백질 사료를 시도할지 결정해요. 이때 어느 동물 유래의 단일 단백질 사료를 먼저 시도해 볼지는 보호자의 경험과 혈액 검사(식이 알레르겐 검사)를 통해 결정해요. 이 과정은 엄청난 끈기와 인내가 필요하니 마음 비우시고 천천히 진행해야 돼요.

음식 알레르기를 관리하다 보면 예상치 못한 문제들이 터져요. 잠시 한눈판 사이에 남은 치킨을 뜯어먹고 온몸에 농포가 생기기도 하고, 산책 갔다 남이 버린 음식물을 주워 먹고 밤새 벅벅 긁기도 하죠. 하지만 털북숭이는 죄가 없어요. 악의 없이 하는 행동에 무슨 죄가 있겠어요. 관리를 못했다고 자책할 필요도 없어요. 털북숭이들과 살다 보면 이런저런 일은 생기기 마련이니까요. 그저 조금 더 관심을 갖고 지켜보며 너무 늦지 않게 대처해 주는 것만으로도 충분히 잘하고 계시는 거예요.

피부로 잦은 고생을 하는 아이에게 제공할 사료를 선택할 때 부디 이 글이
도움이 되길 바라요.

화식(불에 익힌 음식) 예찬론자분들께는 조금 이해할 수 없는 결과일 수도 있으나, 한 연구에서 가수분해
사료와 화식 사료는 음식 알레르기 개선 효과에 큰 차이가 없다는 결과가 나왔어요. 무조건 화식이
좋은 건 아니니 털북숭이 식단을 정할 때 참고해 주세요!

닭고기에 음식 알레르기가 있으면 계란도 못 먹나요?

"우리집 털북숭이가 유독 닭고기만 먹었다 하면 그날 몸을 엄청 긁어대요.
그리고 며칠 뒤엔 평소 안 보이던 노란 딱지들과 비듬같이 생긴 각질들이 생겨요.
아무래도 우리 아이한테는 닭고기가 안 맞나 봐요."

정황상 이 아이는 닭고기에 대한 음식 알레르기가 있을 거 같아요. 알레르기란 자신의 몸에 해가 되지 않는 외부 물질에 대해서도 과도한 방어 작용, 즉 면역 반응이 생기는 것을 의미해요. 그중 음식물을 먹었을 때 과도한 면역 반응이 일어나는 것을 우린 음식 알레르기라고 표현하죠. 음식 알레르기를 일으키는 음식물은 굉장히 많아요. 사실 세상에 존재하는 모든 음식물은 특정 털북숭이에게 알레르기를 일으킬 수 있어요. 그런데 사람과 마찬가지로 그중 특정 몇 가지 음식물이 높은 비율로 음식 알레르기를 유발해요. 대표적인 것이 바로 닭고기이죠.

실제로 저희 병원에도 닭고기 알레르기가 있는 아이들이 굉장히 많아요. 닭고기는 값싸고 대량으로 쉽게 구할 수 있어서 예전부터 사료에 많이 써왔다고 해요. 그래서 많은 털북숭이들이 이에 자주 노출이 되었고 그에 대한 알레르기 반응이 많아진 것으로 예상하고 있어요. 그런데 이 상황에서 혹시 이런 궁금증은 안 떠오르시나요?

'과연 닭고기에 알레르기가 있는 털북숭이는 달걀에도 알레르기가 있을까?!'

여러분 생각에는 어떨 거 같나요? 삶은 달걀과 닭백숙을 먹을 때 맛과 질감이 너무 달라 연관성이 없을 거 같기도 해요. 하지만 달걀에서 결국 닭고기가 나오는 건데 닭고기에 알레르기가 있으면 당연히 달걀에도 있어야 하는 거 아닌가 싶기도 하죠. 마침 이런 주제에 대하여 의문을 품었던 많은 과학자들이 있었고 이와 관련된 여러 논문을 발표했어요.

그 결과는?!

서로 연관성 없다!

즉 닭고기 알레르기가 있는 모든 아이들이 계란에도 알레르기 반응을 보이는 건 아니라는 거예요. 그런데 이와는 다르게 소고기 알레르기가 있는 경우 우유에도 알레르기 반응을 보일 확률이 높아요. 이러한 개념을 교차 반응이라고 해요. 서로 다른 물질이지만 몸에서는 이를 구분하지 못하고 같은 알레르기 유발 물질로 인식해버리는 것이죠. 단백질의 배열 순서가 70% 이상 비슷할 경우 유래에 상관없이 알레르기 반응을 일으킬 수 있다는 뜻이에요.

사람의 경우를 예로 들면, 우유 즉 소의 젖에 알레르기가 있는 사람은 92%의 확률로 염소의 젖에도 알레르기가 있다고 해요. 새우 알레르기가 있으면 75%의 확률로 게 알레르기가 있고요. 재미있는 점은 라텍스 장갑에 알레르기 반응을 보이는 사람은 키위나 바나나, 아보카도에 35%의 확률로 알레르기가 있다고 해요.

반려동물 대상으로는 이런 연구가 아직까지 활발히 이루어지지 않았어요. 2016년에 이와 관련된 재미있는 논문이 발표되었지만 이게 정말 교차 반응인 건지, 혹은 우연히 두 가지 물질에 대한 알레르기가 있는 것인지는 밝혀내지 못하여 아쉬움을 남겼죠. 하지만 통계적으로 보았을 때 소고기와 우유, 양고기는 서로 관련성이 높을 것으로 추정돼요. 즉 소고기에 알레르기가 있으면 우유에도 알레르기가 있을 확률이 높다는 거죠. 양고기도 마찬가지고요. 그뿐만 아니라 비슷한 제품류 즉 포유류, 조류, 어류, 식물 등으로 제품군을 나누었을 때 동일한 제품군 사이에 알레르기 관련성이 높다는 점도 발견되었죠.

'닭고기와 계란은 상관없다면서 소고기와 우유는 상관있다고?!
그럼 도대체 어쩌라는 거야!'

아직까진 속시원한 답변을 드릴 수 없어요. 이미 말씀드렸다시피 아직 연구가 충분히 진행되지 않았거든요. 하지만 이를 통해 우리가 알아두어야 할 건 확실해요. 바로 음식 알레르기가 있는 아이에게 새로운 음식을 제공할 땐 되도록이면 기존의 알레르기 유발 음식과는 다른 종류의 음식을 먼저 시도해 보아야 한다는 거예요. 흰살생선에 알레르기가 있다면 이를 피해서 연어 사료를 줄 게 아니라 포유류 중에 하나를 선택하여 주어야 한다는 거죠. 반대로 소고기 사료에 알레르기가 있다면 양고기를 선택하지 말고 어류로 만든 사료를 선택해 보세요.

새로 바꾼 사료에 대한 알레르기 반응으로 털북숭이가 힘들어서 고민 끝에 바꾼 사료도 알레르기를 유발한다면 얼마나 스트레스를 받겠어요. 앞에서 설명한 방법으로 사료 선택의 시행착오를 줄일 수 있고, 그것은 결국 털북숭이의 건강과 내 통장 잔고의 넉넉함으로 이어질 거예요!

수의사의 TIP

사람에선 라텍스 장갑과 키위, 아보카도, 바나나의 상관관계를 말씀드렸는데, 강아지도 이와 유사한 생뚱맞은 교차 반응이 있어요. 바로 토마토와 향나무 화분이에요. 토마토에 음식 알레르기가 있는 강아지는 향나무 화분에도 알레르기가 있다고 해요. 참 생뚱맞죠?

당신, 털북숭이 심폐 소생술은 할 줄 아는가?

여러분들은 털북숭이에게 심폐 소생술을 하는 방법을 아시나요?

아마도 이와 관련된 정식 교육을 받을 기회가 없었을 거예요. 보통 학교에서 사람 심폐 소생술 하는 방법은 배우지만 털북숭이에게 이 방식을 그대로 적용할 수 없거든요. 그러니 이번 기회에 익혀 두시기 바라요! 물론 심폐 소생술을 할 일이 없으면 좋겠지만, 만에 하나라도 필요할 경우엔 이 글이 큰 도움이 될 거예요.

 **심폐 소생술, 언제 하나?**

- 의식이 없을 때
- 호흡이 없을 때
- 맥박이 없을 때

심폐 소생술을 하는 데 있어 가장 어려운 부분인 거 같아요. 현재 심폐 소생술을 해야 하는 상태인지를 평가하는 거죠. 이런 평가를 해본 적이 없다 보니 할지 말지 고민하면서 시간을 소비하게 될 수도 있어요. 하지만 이 과정은 정확도보다 속도가 더 중요해요. 최대한 빠르게 체크해 주세요.

우선 의식은 있다 없다를 판단하기 그리 어렵지 않아요. 불러도 반응 없이 누워만 있는 아이의 발가락뼈를 있는 힘껏 세게 꼬집어도 여전히 반응이 없다면! 의식이 없다고 보면 돼요.

호흡의 유무는 옆으로 눕힌 상태에서 가슴이 오르락내리락하는지 유심히 살펴보거나 휴지를 작게 잘라 코에 대보면 돼요. 휴지가 바람에 움직이면 호흡은 하고 있다는 걸 의미하니 굳이 심폐 소생술을 진행할 필요는 없어요. 손가락을 코에 대어 콧바람을 느끼는 건 추천하지 않아요. 당황한 상태에서 이런 방식으론 호흡이 없다고 오해하기 쉽거든요.

집에 청진기가 구비되어 있지 않은 이상 맥박은 주로 허벅지 안쪽 사타구니에서 확인해요. 하지만 맥박이 약하게 뛰거나 오동통한 아이들은 수의사들도 청진기 없이 확신하기 어려워요. 그러니 애매하면 일단 심폐 소생술을 시작해 주세요! 심정지가 아닌 환자에게 심폐 소생술을 진행하여도 심각한 손상을 일으키지 않는다는 연구 결과가 있거든요. 이에 반해 심정지 환자에게 심폐 소생술을 진행하지 않을 경우 우리가 겪어야 될 슬픔은 너무나 크고 돌이킬 수가 없죠.

🐾 기도 확보

- 옆으로 눕힌 상태에서
- 입안에 토사물이나 이물질 등이 없는지 확인

사람에게 심폐 소생술을 할 때는 이마를 누르면서 턱을 들어 올려 기도를 확보해요. 하지만 털북숭이들은 이러한 과정이 필요 없어요. 아주 간단하죠. 그저 입안의 무언가가 기도로 넘어가 숨을 막아버리는 일만 방지해 주면 돼요. 단 의식을 잃어가는 과정 중에는 근육이 굳어서 입을 꽉 다물 수도 있어요. 이로 인해 입을 못 벌리거나 무언가 꺼내는 도중 손을 물릴 수도 있죠. 그러니 입안에 손을 넣을 땐 항상 조심해 주세요.

🐾 심장 마사지

- 평소 심장 뛰는 게 가장 강하게 느껴지는 곳을
- 가슴 두께의 1/3 정도 들어가는 세기로
- 1분에 100번 누르는 속도로 시행!

털북숭이가 비만이거나 손에 감각이 조금 무딘 분들은 심장 뛰는 곳을 못 느끼실 수도 있어요. 그럴 경우 털북숭이가 자연스럽게 서 있는 자세에서 앞다리 팔꿈치 바로 뒤쪽 가슴을 누르면 돼요! 참고로 팔꿈치는 스핑크스 자세에서 바닥에 닿아있는 부분 중 발가락과 가장 먼 곳이에요.

누르는 세기도 중요해요. 너무 약하면 심장이 충분히 눌리지 않고, 너무 강하면 갈비뼈와 폐에 손상을 줄 수 있어요. 그래서 누르는 곳의 가슴 두께가 1/3 정도만 들어가게 눌러줘야 해요. 누른 뒤엔 다시 충분히 가슴이 펴질 수 있도록 힘을 빼주세요. 계속 눌린 상태로 있으면 심장에 혈액이 충분히 들어오지 못해서 심폐 소생술의 효과가 떨어져요.

아마 모르시는 분들이 많을 거 같은데, Bee Gees의 'Stayin' Alive(뜻 : 살아있어!)'라는 노래가 있어요. 제목부터 심폐 소생술을 위한 노래 같지 않나요?! 사실 전혀 그런 뜻의 노래는 아니에요. '토요일 밤의 열기(Saturday Night Fever)'라는 고전 영화에 삽입되었던 곡인데 이 노래의 템포에 맞춰 심장 마사지를 해주시면 돼요. 후렴구가 매우 인상적이기 때문에 한 번 들어보면 잊히지 않을 거예요.

인공호흡

- 입을 닫고 코에다 숨 불어넣기
- 심장 마사지 30번에 인공호흡 2회

사람과 달리 '입'에다 하는 게 아닌 '코'에다 하는 거예요. 주둥이를 잘 닫아둔 채 코에다 숨을 불어넣어야 해요. 단 폐의 크기가 사람에 비해 매우 작기 때문에 가슴이 가볍게 부풀어 오르는 정도만 불어넣어야 해요. 있는 힘껏 세게 불었다간 오히려 폐가 손상될 수 있으니 주의하세요!

심장 마사지를 30번 연속으로 실시한 뒤엔 인공호흡을 2번 해주세요. 이 과정을 2분 동안 쉬지 않고 반복하면 돼요. 2분 동안의 과정을 1세트로 생각하면 돼요. 만약 두 명 이상이 심폐 소생술을 진행할 경우, 인공호흡을 하는 동시에 심장 마사지를 하시면 안 돼요. 과도한 압력이 가해져서 폐가 손상될 수 있거든요.

자... 다음은?

- 맥박이나 호흡이 돌아왔는지는 한 세트가 끝난 뒤 체크
- 심폐 기능이 돌아올 때까지 세트를 반복
- 심폐 기능 회복 후 바로 동물병원 방문

심폐 소생술을 한 세트 진행한 뒤 의식, 호흡, 맥박이 있는지 다시 체크해 주세요. 만약 심장 박동과 호흡이 돌아오지 않았다면 다시 한 세트를 반복하는 거예요. 그리고 가능하다면 한 세트가 끝나면 사람을 바꾸는 게 좋아요. 심폐 소생술을 오래 하면 효율이 떨어질 수 있어서 2분 단위로 사람을 바꿔가면서 지속하는 게 효과적이거든요.

아이가 쓰러지는 순간엔 당황하게 돼요. 근처에 병원이 있다면 최대한 빨리 방문하는 것이 우선이겠지만, 그럴 만한 상황이 되지 않는다면 주저하지 말고 바로 심폐 소생술을 진행해 주세요. 혹은 이동 중에라도 심폐 소생술을 진행해 주세요. 당신의 용기와 실천이 털북숭이가 사랑하는 가족, 바로 당신을 한 번 더 볼 수 있게 해주는 마지막 기회가 될 테니까요.

심폐 소생술 방법 간단 정리!

1. 의식, 호흡, 맥박이 없는 경우 실시
2. 옆으로 눕힌 상태에서 입안에 이물질이 없는지 확인
3. 팔꿈치 뒤를 가슴 두께의 1/3이 들어가는 세기로, 'Stayin' Alive'에 맞춰 심장 마사지 실시
4. 인공호흡은 입을 닫고 코로 적당량의 숨을, 심장 마사지 30회당 인공호흡 2번씩 진행
5. 2분간 쉬지 않고 진행 후 다시 체크. 병원에 도착할 때까지 혹은 스스로 호흡을 할 때까지 반복하여 실시

물어보는 사람 거의 없는
예방접종 Q&A

반려동물과 함께 살아가며 떼려야 뗄 수 없는 것이 바로 예방접종이죠. 어릴 땐 강아지는 다섯 번, 고양이는 세 번 접종을 해요. 그 이후로 매년 접종하라는 문자를 아마 다들 받으실 거예요.

예방접종을 진행하며 백신의 종류나 간격, 관련된 부작용 등의 일반적인 내용은 아마 주치의 선생님이나 여러 인터넷 글을 통해 자주 접하셨을 거예요. 그래서 TMI답게 저는 조금 엉뚱하고 아직 그 어떤 보호자분도 물어본 적 없는, 예방접종에 관련된 질문과 답변을 해볼까 해요.

Q. 왜 태어나자마자 바로 접종 안 하고 6~8주 정도 지난 뒤에 하나요?

A. 털북숭이들은 태어난 뒤 대개 어미로부터 초유를 통해 '모체 이행 항체'라 불리는 군대를 전달받아요. 그런데 이 군대는 앞뒤 가리는 게 없는 애들이라 바이러스와도 싸우지만 백신에 대한 반응도 무력화시켜버려요. 그래서 어느 정도 시간이 지난 뒤 이 군대가 사라질 때부터 접종을 해요.

Q. 그럼 초유를 못 먹은 애는 태어나자마자 바로 접종해야 되나요?

A. 아니요. 그래도 4주는 지나야 해요. 생후 4주 이전에 실시할 경우 백신으로 인한 과민반응이 일어날 위험이 높고 소뇌 저형성과 같은 무시무시한 질환이 발생할 수 있거든요. 게다가 면역 체계가 성숙하기 전이라 백신의 효과도 낮아요. 그러니 꼭 초유를 먹여야겠죠!

Q. 그럼 백신을 맞고 나면 해당 질병들에 대해서는 무적 파워인 건가요?

A. 그렇지 않아요. 특히나 질병에 따라 예방접종의 효과는 다른데요. 예를 들어 고양이에서 파보 바이러스는 예방 효과가 매우 크지만 허피스 바이러스에는 예방 효과가 낮은 편이죠. 하지만 질병의 심각한 정도는 예방접종을 통해 충분히 낮출 수 있어요. 그러니 예방접종을 꼭 해야 하죠.

Q. 근데 강아지는 왜 다섯 번, 고양이는 세 번을 접종하나요?

A. 앞에서 말씀드린 모체 이행 항체의 유지 기간 때문이에요. 모체 이행 항체의 유지 기간은 아이들에 따라 달라요. 그러다 보니 접종을 너무 늦게 하면 일부 아이들에게선 면역 공백 기간이 길어져요. 어미에게서 받은 군대가 사라졌는데 접종이 늦어지면 내 몸을 지킬 군대가 없는 상황이 되는 거죠. 그래서 어쩔 수 없이 면역 공백을 최소화하기 위해 6~8주에 접종을 시작해서 14~16주가 될 때까지 맞추는 거예요. 그리고 면역 체계의 차이로 강아지는 2주, 고양이는 3주 기간으로 잡다 보

니 종합 접종 횟수가 강아지는 5번, 고양이는 3번이 되는 거예요. 물론 털북숭이마다 모체 이행 항체 농도를 측정해서 최적의 시기에 최소한의 접종을 하면 좋겠지만 이는 현실적으로 불가능해요.

Q. 16주가 지나서 처음 접종하는 강아지인데 다섯 번을 다 접종해야 하나요?

A. 아니요. 16주가 지났다면 접종의 종류에 따라 1~2번씩만 접종해도 충분해요. 원래 대부분의 백신은 1~2번만 접종해도 충분한 예방 효과를 가져요. 그렇기 때문에 16주가 지났다면 모체 이행 항체가 남아있을 가능성이 매우 낮아 굳이 다섯 번을 다 맞출 필요가 없어요.

Q. 그럼 모든 아이들을 16주가 지나서 맞추면 되잖아요?

A. 안 돼요. 아이들에 따라서 일부는 빠르면 6~8주부터 모체 이행 항체가 사라져요. 그럼 16주가 될 때까지 두 달 넘게 면역 공백 기간이 생기게 돼요. 접종을 여러 번 하는 것이 면역 공백 기간으로 두는 것보다 훨씬 안전하기 때문에 6~8주부터 접종을 시작하는 것이 좋아요.

Q. 백신 맞고 나면 언제부터 예방된다고 생각해야 하나요?

A. 강아지, 고양이, 그리고 백신의 종류와 접종 방식에 따라 달라요. 빠른 경우는 몇 시간 뒤에도 생기지만 4주가 되어서야 예방 효과가 나타나는 경우도 있어요. 그래서 광견병의 경우 항체가 검사를 할 때 주로 접종 4주 뒤에 진행을 해요.

Q. 접종하고 나서 항체가 검사를 했는데 항체가 부족하대요. 왜 그래요?

A. 이건 세 가지 원인이 있어요. 아마 이중 하나의 이유 때문일 거예요. 첫 번째로는 앞에서 말씀드린 모체 이행 항체라 불리는 군대가 유독 오래 남아있는 경우 그럴 수 있어요. 모체 이행 항체는 예방접종으로 인한 항체가 생기는 것을 억제하기 때문에 오래갈수록 오히려 접종의 효과를 떨어트리죠. 정말 길게 가는 아이들은 모든 접종이 끝나는 16주보다 4주나 더 긴 20주까지도 간다고 해요. 그러니 꼭 모든 접종을 마친 후 항체가 검사를 하는 것이 좋아요.

두 번째는 예방접종 백신이 잘못 만들어진 경우예요. 그런데 백신은 워낙 대형 제약 회사에서 엄격한 검수를 통해서만 만들어지기 때문에 이런 경우는 드물어요. 그래도 혹시 몰라 이런 일을 예방하기 위해 모든 백신에는 Batch Number라는 일련번호가 붙어요. 혹시나 문제가 생겼을 경우 이에 대한 조사를 하기 쉽게 도와주죠.

세 번째는 항체가 잘 안 생기는 아이들이 있어요. 유전적인 혹은 개인적인 특성인 거죠. 예를 들어 1980년대에 도베르만과 로트와일러 일부에게선 파보 바이러스에 대한 항체가 유독 안 생겼대요. 그리고 강아지 종합 접종에 들어있는 바이러스 중 파보는 천 마리 중 한 마리, 홍역은 오천 마리 중 한 마리, 간염은 만 마리 중 한 마리 비율로 항체가 안 생겼다는 연구 결과도 있어요. 이런 아이들은 성견 혹은 성묘가 되어 추가 접종을 하고, 그래도 항체가 안 생긴다면 생길 때까지 접종할 게 아니라 해당 질병에 걸리지 않게 조심하는 수밖에 없어요.

Q. 일전에 접종하고 난 뒤 과민 반응으로 너무 고생했었는데요. 다음에도 꼭 해야 할까요?

A. 매년 똑같은 백신으로 접종을 해도 과민 반응이 없다가 갑자기 생기는 경우도 있어요. 백신 자체보다는 오히려 아이의 컨디션과 접종 전후의 활동량, 영양 상태 등이 더 크게 작용하는 거 같아요. 그래서 이런 경우 우선 항체가 검사를 통해 꼭 예방접종을 해야 하는 상태인지 체크해 보는 걸 추천드려요. 만약 항체가가 낮아 접종이 지시된다면 사전에 스테로이드나 항히스타민제로 전처치를 하고 난 뒤 접종하는 게 좋겠죠. 혹은 다른 회사 제품으로 맞추는 방법도 있어요! 그런데 대개 한 병원에는 한 회사의 제품만 있기 때문에 다른 회사 제품을 원하실 경우엔 다른 병원을 찾아보셔야 해요.

Q. 우리 아이는 너무 작은데 백신 하나 다 맞추면 위험할 거 같아요. 반 병만 맞추면 안 될까요?

A. 안 돼요. 치료제와 달리 예방접종은 '최소 면역 활성 용량'을 주입하는 거예요. 즉 1kg 치와와나 60kg 오브차카나 모두 동일하게 한 병(vial)의 접종을 맞춰야 해요. 그래야만 적절한 면역 반응을 통해 우리가 원하는 보호 효과를 보장할 수 있어요.

중고등학생 시절의 저는 유독 남들이 별로 궁금해하지 않던 디테일에 집착했어요. 혹시나 저처럼 TMI를 원하시는 분이 계셨다면 이 글을 통해 그 욕구가 충족되셨기를 바라요. 아, 그리고 앞의 Q&A 내용은 백신 가이드라인을 제작하는 단체에 따라 내용이 상이할 수 있으니 정답이라 생각하시면 안 돼요! 참고로 저는 '세계 소동물 수의학회(WSAVA)'에서 제작한 예방접종 가이드라인을 토대로 작성하였어요.

털북숭이 목욕 방법을
점검해 봅시다!(feat. 꿀팁)

털북숭이에게 목욕은 굉장히 중요해요. 피부에 수분을 공급하여 딱지나 각질을 탈락시키고 세균이나 작은 이물질을 없애주기도 해요. 또한 죽은 털과 알레르기를 유발하는 물질(알레르겐)을 제거해 주기도 하죠. 이런 중요한 의식을 행함에 있어 한 번쯤은 과연 내가 잘하고 있는지 점검해 볼 필요가 있어요.

하지만 씻기는 방식은 아마 개인마다 다 다를 거예요. 씻기는 횟수나 장소에서부터 사용하는 제품, 순서 등이 각자의 선호도와 환경에 따라 다르기 때문이죠. 그렇다면 과연 '목욕의 정석'은 무엇일까요?

'이과'적인 마인드로 똘똘 뭉친 저는 당연히 '수의 피부학'을 참고하죠. 실제로 수의 피부학책에는 어떻게 씻겨야 하는지에 대해 나와있어요. 이번 기회에 털북숭이의 목욕 방법에 대해서 점검해 보는 것이 어떨까요?

1. '털북숭이 샴푸 선택 기준, 로켓 배송? 네이버 페이?' 편을 가볍게 읽은 후 알맞은 샴푸를 선택

털북숭이에게 가장 적합한 샴푸는 피부 타입이나 피부 질환의 유무 등에 따라 매번 달라질 수 있어요. 그러니 한 가지 샴푸만 계속해서 쓰겠다는 생각은 안 하셨으면 해요. 피부 질환이 있을 땐 약용 샴푸, 평소엔 일반 샴푸, 때에 따라 일반 샴푸와 약용 샴푸를 동시에 적용하기도 해요.

2. 씻기기 전 빗질부터 시작

죽은 털을 솎아주고 엉킨 털이 있다면 과감히 잘라주세요. 항문낭도 짜고 귀 청소도 미리 해주시는 게 좋아요. 목욕 전 죽은 털들을 솎아주어 목욕 시간을 단축하고 샴푸를 절약할 수도 있어요. 그러니 목욕 전후로 빗질을 해주는 게 좋아요.

3. 미온수에 털을 충분히 적신 후 샴푸 적용

샴푸는 농도나 점성이 높으면 씻어내는 데 시간이 오래 걸리고 자칫하면 샴푸가 몸에 그대로 남을 수도 있어요. 그래서 샴푸 종류에 상관없이 5~10배 정도 희석한 후 사용하는 것이 추천돼요. 단 미리 희석해두면 세균 번식의 위험이 있으니 사용하기 직전에 희석해서 사용해 주세요.

4. 작은 고무빗을 사용하여 충분히 마사지

작은 고무빗을 사용하여 털이 난 방향으로 피부를 마사지하며 씻기는 게 좋아요. 역방향으로 빗질을 할 경우 털이 피부에 박혀 모낭염을 유발할 수 있으니 주의해 주세요. 단 잉글리쉬 불독, 보스턴 테리어, 프렌치 불독 등 털이 굵고 억센 단모종에게는 빗을 쓰지 말아 주세요. 빗질의 효과가 크지 않을뿐더러 오히려 피부 트러블을 일으킬 수 있거든요.

🐾 5. 미온수의 물로 충분히 헹구기

헹굴 때 중요 포인트는 바로 '숨겨진 곳'이에요. 겨드랑이, 사타구니, 항문 주변, 꼬리 아래쪽과 발가락 사이예요. 이 부분들을 조금 더 신경 써서 헹궈 주셔야 해요. 목욕 후 샴푸나 각질, 이물질 등이 가장 많이 남아있는 곳이에요. 또한 말릴 때도 이 부분들을 더 신경써 주세요.

🐾 6. 긴 털은 손으로 쥐어짠 뒤 수건으로 두드려가며 말리기

드라이기를 사용하면 털을 빨리 말릴 수 있지만 자칫 피부가 건조해질 수 있어요. 장모종이 아니라면 되도록 수건과 자연 건조를 통해 말리는 게 좋아요. 단, 발바닥이나 발가락 사이, 생식기 접히는 곳처럼 습진이 쉽게 생기는 곳은 드라이기로 잘 말려주시는 게 좋아요.

이 외에도 깨알같은 꿀팁을 좀 적어볼게요!

🐾 깨알같은 꿀팁

- 대개 눈은 소량의 거품이 들어가도 큰 문제가 되지 않아요. 하지만 샴푸 원액이 들어가거나 눈 건강 상태가 불량할 경우 각막이 얇게 벗겨지

는 각막 궤양 혹은 결막에 염증이 발생할 수 있어요. 그리고 일부 샴푸는 눈에 심한 자극을 줄 수 있으므로 목욕 후 항상 눈을 많이 불편해한다면 다른 샴푸를 써보는 게 좋을 거 같아요. 그래도 이런 일이 반복된다면 동물병원에서 아이의 눈 상태를 체크해 보세요.

• 약용 샴푸 사용 시 조금 번거롭더라도 일반 샴푸로 먼저 몸을 씻긴 후 사용해 주세요. 약물을 훨씬 잘 전달할 수 있게 돼요. 그리고 약용 샴푸 사용 시 거품을 낸 후 약 성분이 전달되기 바라는 부위를 10분 정도 부드럽게 마사지해 주시면 더욱 빠른 효과를 보실 수 있을 거예요.

• 씻기는 횟수는 정해져 있지 않아요. 관리가 잘 되는 강아지는 수개월에 한 번씩 씻겨도 무방해요. 하지만 피부병이 있으면 주 1~2회, 심할 경우 주 2~3회까지도 씻겨야 돼요. 아이들마다 편차가 크기 때문에 정확한 횟수는 주거 환경과 산책 횟수, 피부 타입과 피부병의 유무 등에 따라 조절해야 되죠. 특히나 피부병이 있을 경우엔 수의사 선생님과 상의 후 목욕 횟수를 정해주세요.

• 드라이기를 사용할 때 빗질을 동시에 해보세요. 볼륨도 살아나고 훨씬 빨리 마를 거예요. 씻길 때와 마찬가지로 단모종은 빗을 사용하지 마세요. 특히 발가락 사이를 말릴 때 털이 난 방향으로만 쓸어내리셔야 해요. 역방향으로 세게 문지르다간 발가락 사이에 반복되는 염증(지간염)이 생길 수도 있어요.

너무나 당연히 알고 계시는 내용이었다면, 이번 기회에 리마인드 하셨다고 생각해 주세요. 혹시나 몰랐던 점이 있다면 이번 기회를 통해 조금 더 여러분의 털북숭이에게 도움이 되었기를 바라요!

털북숭이들은 왜
충치가 없을까?

여러분은 치과에 자주 가시나요? 사람이 치과를 방문하는 목적 1위는 바로 '충치와 잇몸치료'라고 해요. 어릴 때는 충치로, 나이 들어선 잇몸 문제로 자주 방문하게 되지 않을까 싶어요. 그런데 혹시 털북숭이에게 충치가 생겼다는 얘기를 듣거나 본 적 있으세요? 저는 10년째 동물병원에서 근무 중이지만 딱 한 번 충치 환자를 만나보았어요.

사람과는 달리 털북숭이들에겐 충치가 잘 안 생겨요. 왜 그럴까요? 한 보호자분이 대답하셨어요. 뽀뽀를 안 하니까 서로 안 옮아서 그렇다고요. 어느 정도는 일리 있을 거 같아요. 하지만 전 수의사이니 좀 더 그럴싸한 이유로 설명해 드릴게요.

1. 치아의 생김새

털북숭이들의 치아는 사람과 달리 윗면이 평편하지 않아요. 치아가 뾰족하게 생겨서 사람에 비해 음식물이 치아 표면에 덜 밀착되죠. 충치가 생기려면 음식물의 당 성분이 치아에 남아 충치균에 의해 분해되어야 하는데,

이 과정이 아무래도 사람에 비해 덜 이루어지게 돼요.

2. 치아 간격

정상적인 형태의 구강 구조를 가진 털북숭이는 치아 사이 간격이 넓어요. 이러한 치아 배치 구조로 치아 사이에도 음식물이 남아있지 않아요. 그래서 양치할 때 사람과 달리 치실이나 치간 칫솔이 필요하지 않죠. 하지만 유치가 남아 있거나 단두종의 경우 치아 사이 간격이 좁아 음식물이 끼는 경우가 있어요. 특히나 송곳니의 유치가 스스로 빠지지 않고 자주 남아있는데, 송곳니 영구치와 매우 가까이 붙어 있어서 유치와 영구치 사이에 음식물과 치석이 잔뜩 끼어있는 것을 볼 수 있어요. 정상적인 강아지의 경우 치아는 턱뼈와 같은 세로 방향으로 나열되어 있어요. 하지만 단두종의 경우 턱의 길이가 짧아서 일부 치아가 가로로 배치되기도 해요. 이럴 경우 역시 치아가 충분한 거리를 두고 나열될 수 없어 음식물이 끼기도 하죠.

3. 식단의 차이

일반적으로 털북숭이들이 먹는 음식은 사람에 비해 탄수화물의 비중이 적어요. 충치를 일으키는 주된 원인이 탄수화물에 있는 당 성분이기 때문에 탄수화물이 적을수록 충치 발생률이 떨어지죠. 또한 사탕이나 초콜릿, 탄산음료 등 다량의 당 성분이 들어있는 간식을 먹지 않는 것도 사람과 털북숭이간의 큰 차이죠.

4. 침의 성분

사람과 털북숭이의 침에는 아밀라아제라고 하는 소화 효소가 있어요. 그런데 털북숭이의 침에는 이 아밀라아제의 양이 적어요. 아밀라아제는 탄수화물을 당으로 분해하는 역할을 해요. 밥을 오래 씹으면 단맛이 나는 이유가 바로 이 때문이죠. 그래서 같은 음식을 먹어도 털북숭이의 입 안에서는 당이 덜 생성돼요.

5. 침의 산도

털북숭이들의 침은 사람보다 산도가 낮아요. 사람의 침이 더 산성이란 뜻이죠. 충치균이 당 성분을 분해하여 산성 물질을 만들고 이 산성 물질로 인해 치아가 손상되어 충치가 발생해요. 그런데 털북숭이들의 침은 알칼리성이기 때문에 세균으로부터 생성된 산 성분을 중화시키게 돼요. 이를 통해 충치를 자연적으로 예방하게 되죠.

이렇듯 치아의 모양과 간격, 식단과 침의 구성 성분 등 여러 가지 차이점 덕분에 털북숭이는 사람에 비해 충치가 덜 생겨요. 금이나 세라믹 등으로 치아에 돈 쓸 일이 잘 없죠. 충치가 없는 대신 치주 질환[1]이 훨씬 많아요.

사람은 대개 부모님과 여러 의무 교육 기관의 힘으로 양치를 교육받고 생활화해요. 그리고 관리를 잘 못했을 경우엔 얼마나 큰 고통이 따르는지 경험하고 이를 바탕으로 반성과 변화의 시간을 갖죠. 하지만 털북숭이는 그게

---

1) 잇몸과 치아, 그리고 그 주위 뼈의 염증과 퇴행성 변화

안 돼요. 스스로는 당연히 못하니 보호자분의 손을 거쳐서 양치해야 하지만 시도할 때마다 대탈주극을 찍거나 누아르 영화의 한 장면을 찍기도 하죠. 게다가 이런 격렬한 거부로 인해 치아 관리를 못 받아 구강에 문제가 생겨 통증을 느껴도 이를 연관 지어 판단하지도 못해요. 양치질의 필요성을 평생 스스로 못 깨닫는 거죠.

현실이 이렇다 보니 제대로 치아 관리가 안 되어서 치석이 쌓일 대로 쌓여 심각한 잇몸 문제를 일으켜요. 염증으로 치아 주변 조직이 다 녹아내려 치아의 뿌리가 훤히 드러날 정도로 심각해져서 영구치가 스스로 빠지거나 턱뼈가 부러지는 경우도 있어요.

만약 털북숭이에게 충치가 있다면 마취가 안 된 상태에서 확인하긴 쉽지 않아요. 입을 '아~' 하고 벌려주어야만 확인이 가능하니까요. 의심되는 부분이 있으면 치과 기구로 쿡쿡 찔러보며 '아프면 왼손 드세요'의 동물병원 버전인 '아프시면 제 손을 세게 깨무세요'도 해야 하는데 이를 실제로 시행하기엔 너무 위험하죠. 하지만 치주 질환이나 치아 골절은 달라요. 입술만 살짝 들어 올려도 바로 상태를 확인할 수 있어요. 누런 치석이 덕지덕지 붙어 있거나 잇몸과 치아의 경계가 새빨갛게 변해있다면, 혹은 구강에서 피가 자주 난다면 당장 치과 치료를 받아야 할 때예요.

그러니 아파도 아프다고 말 못 하는 털북숭이들을 위해 한 달에 한 번씩은 아이들의 입술을 들춰보아 주세요. 힘들면 수의사 선생님께 부탁해 보세요. 나의 소중한 털북숭이를 괴롭히던 통증을 찾아내게 될지도 몰라요. 그와 함께 소중한 건치 미소를 지켜줄 수도 있고요.

참고로 스케일링을 하고 난 뒤 전혀 관리를 안 하시는 분들이 많아요. 그러시면 안 돼요. 스케일링은 현재까지 관리하지 못한 '과거의 잘못'을 정리해 주는 작업이에요. '미래의 잘못'을 예방해 주는 게 아니죠. 스케일링으로 다시 깨끗하고 건강한 잇몸으로 돌아왔다면, 앞으로 더욱 열심히 관리해서 현 상태를 최대한 오래 유지하는 것이 가장 중요해요.

털북숭이 양치 방법을 점검해 봅시다!(feat. 꿀팁)

이전 글에서 털북숭이 목욕 방법에 대해서 알려드렸어요. 이 글에서는 털북숭이 양치 방법에 대해 얘기해 볼게요. 이에 앞서 한 가지 주의하실 점은, 꼭 이대로 해야 한다는 게 아니에요. 정석대로 하면 좋긴 하지만 이 방법을 다 받아줄 털북숭이가 과연 얼마나 될지 의문이거든요. 그러니 각자 털북숭이의 취향과 순응도, 보호자의 스케줄과 스킬, 그리고 가지고 있는 도구들을 바탕으로 알맞게 변형하시면 돼요.

사람에서 '건치'라고 하죠? 치아가 굉장히 건강하여 별다른 치과 진료를 받지 않아도 되는 사람을 의미하죠. 제 주변에도 그런 지인이 있어요. 엄청 공들여 치아 관리를 하지 않는다고 해요. 그저 매일 양치질하는 수준? 그런데 지금껏 나이 마흔이 넘도록 충치 한 번 없었다고 해요.

반려동물 사이에서도 건치는 존재하는 거 같아요. 집에서 홈케어 전혀 안 하셨다고 하는데, 아이의 치아를 보는 순간 눈이 멀 것 같은 빛 반사로 마치 '모히또에서 몰디브 한 잔 하는 이병헌 씨'의 건치 미소가 떠오르는 그런 아이들이 있어요. 대개 이런 아이들은 식습관이 잘 잡혀 있어요. 건사료만 먹는다거나 간식도 치아에 묻지 않을 만한 것들로 주로 구성되어 있어요. 습식 사료나 촉촉한 간식을 많이 먹으며 관리 못 받는 아이들은 대개 심각한 구강 질환을 앓고 있어요.

치아가 관리되지 않으면 털북숭이들은 충치보다는 치석이 더 잘 생겨요('털북숭이들은 왜 충치가 없을까?' 편 참조). 그래서 제때 관리가 되지 않으면 충치 치료처럼 치아의 기능을 유지하면서 치료하는 방법이 불가능해져요. 잇몸이 녹아버려 다른 방도 없이 발치해야만 하는 경우가 많죠. 이런 이유로 어금니가 빠지면 아이들은 씹어먹지 못하게 되고, 송곳니가 빠지면 평상시에 혀가 입 밖으로 나와있거나 입술을 깨물어서 상처가 나게 돼요. 게다가 그렇게 되기까지 오랜 시간을 잇몸과 치아에 통증으로 고통받게 되니 평상시에 잘 관리를 해야겠죠.

아이에게 칫솔질을 안 해 주시던 분은 이번 기회를 통해 한번 시작해 보시고, 기존에 관리해 주시던 분들은 자신의 방법을 되돌아보는 시간을 가졌으면 해요.

1. 준비물

우선 아이에게 적합한 칫솔과 치약을 선택해 주세요. 칫솔은 손가락에 끼워 사용하는 손가락 칫솔과 일반 칫솔로 나뉘어요. 손가락 칫솔은 양치 교육 초반에 거부감을 줄이기 위해서만 사용해야 해요. 특유의 짧고 굵은 칫솔모로는 제대로 된 양치질을 할 수 없기 때문이죠. 그리고 자칫 잘못하단 손가락을 물릴 수도 있으니 조심해야 해요.

일반 칫솔은 아이의 크기에 맞춰 준비하는 게 좋아요. 고양이나 소형견은 칫솔 머리가 작은 걸로, 대형견은 큰 걸로 하는 게 효과적이죠. 중요한 것은 바로 칫솔모가 부드러워야 한다는 것! 털북숭이들은 대개 잇몸에 염증이 있는 경우가 많아서 억센 칫솔모를 쓸 경우 피가 나거나 통증을 유발할 수 있어요. 그러면 아이들은 양치질을 거부하게 되니 관리가 더 어려워져요. 그러니 최대한 부드러운 칫솔모를 사용하는 것이 좋아요.

치약은 무조건 잘 먹는 걸로 골라주세요. 치약의 목적은 구강 내 세균을 없애서 플라크를 억제하고, 칼슘을 없애서 치석 형성을 억제하는 기능이 있어요. 하지만 이보다 더 중요한 건 높은 기호성으로 아이들에게 양치질의 즐거움을 주기 위해서예요. 그런데 만약 맛이 없다면? 안 쓰느니만 못한 효과를 가져오겠죠. 그러니 치약은 여러 종류를 사용해 가며 아이의 기호성이 가장 좋은 것으로 선택해 주세요. 단, 구강 치료용으로 치약을 사용할 경우 수의사 선생님의 판단을 따라주세요.

2. 양치질

처음 양치질을 시도하시는 분들이 가장 많이 궁금해하는 부분은 바로 아이의 입을 어떻게 벌려서 양치를 시키냐예요. 걱정 마세요. 털북숭이의 양치질은 입을 다문 상태에서 실시해요. 다행히도 가장 쉽게 치석이 쌓여 우리가 신경 써야 하는 부위는 입을 다문 상태에서도 접근이 가능하거든요. 그래서 억지로 입을 벌리려 하지 말고 자연스럽게 입을 다문 상태에서 입술만 들어 올려 주세요. 손을 'C'자 모양으로 만들어서 입을 다물도록 유지한 채 손가락으로 입술만 들어 올리는 거예요. 그래야 여러분의 손가락을 보호하며 안전하게 양치질을 시킬 수 있어요.

양치질은 위턱 안쪽 깊숙이 있는 가장 큰 치아부터 해요. 그다음은 송곳니, 앞니 그리고 작은 어금니 순으로 해주세요. 양치 시간이 길어질수록 털북숭이가 양치를 거부할 수 있어요. 그러니 가장 중요한 곳을 먼저 해야 하죠. 가장 큰 어금니들에 주로 플라크와 치석이 많이 끼기에 이 부분을 먼저 공략하는 거예요. 만약 털북숭이가 너무나 협조적이라서 한동안 입도 벌려 준다면 치아의 안쪽 면도 해주세요.

칫솔질을 할 때에는 칫솔모를 약 45도로 하여 잇몸 경계면 방향으로 기울이는 게 좋아요. 그렇게 해야 칫솔모의 일부가 잇몸과 치아 경계 사이로 들어갈 수 있거든요. 약간의 힘을 가해서 앞뒤로 짧게 움직이며 5~10초가량 문질러 주세요. 그다음에 다른 치아로 넘어가서 진행해 주시면 돼요.

🦷 3. 정기 검진

아무리 양치질을 잘했다 하더라도 6개월에 한 번은 주치의 선생님께 아이의 치아를 보여주세요. 그동안의 노력에 대한 일종의 성적표도 받을 겸, 필요하다면 스케일링이 필요한지 진료도 받을 겸 말이에요. 아무래도 모든 치아의 바깥 면과 안쪽 면을 꼼꼼히 양치하긴 힘들다 보니 어딘가 문제가 발생하고 있을 가능성이 높아요. 그렇다고 모든 치아를 꼼꼼히 하려고 강요하지 마세요. 그러다간 중요한 치아들도 손도 못 대게 할지도 모르니까요.

이 외에도 깨알같은 꿀팁들을 좀 적어볼게요!

🐾 깨알같은 꿀팁

Q. 양치질은 언제부터 하는 게 좋아요?

A. 양치질은 영구치가 나기 전에 시작하는 게 좋아요. 대개 생후 8~12주 사이에 시작할 것을 추천해요. 그래야 아이도 매일 집에서 양치질하는 것에 익숙해지거든요. 하지만 이미 늦었다면? 상관없어요. 지금부터라도 시작해 보세요.

Q. 처음 양치질을 시키는데 앞의 방법대로 하나요?

A. 처음부터 치약을 묻힌 칫솔로 치카치카 할 수 있는 아이들은 별로 없어요. 천 리 길도 한 걸음부터! 양치질에 대한 거부감을 줄이기 위해 한 스텝씩 천천히 진행해 주세요.

1) 주둥이를 손으로 가볍게 잡고 칫솔에 치약을 묻혀 먹이기만 한다.

2) 잘 먹으면 슬슬 치아와 잇몸에 치약을 가볍게 묻혀주기 시작한다.

3) 적응이 되면 조금씩 범위를 넓혀가며 전반적인 치아에, 칫솔의 반복 운동을 적용한다.

각 과정을 1~2주 정도의 시간 동안 진행해 주세요. 총 1~2달 정도의 기간이 걸린다 생각하고 해주시는 게 좋아요. 그런데 만약 어느 단계에서 아이가 거부하기 시작한다면, 이전 단계로 돌아가 더 천천히 진행해 주세요.

Q. 그럼 하루 두 번 양치질해야 하나요?

A. 털북숭이의 양치는 하루 한 번으로 족해요. 잇몸 질환으로 특별 관리가 필요한 경우 하루 2회 구강 관리가 지시될 수 있어요. 하지만 일반적인 경우라면 하루 한 번 규칙적인 양치질이 좋아요. 실제 하루 한 번에서

일주일에 한 번에 이르기까지 횟수를 달리하며 실험한 결과 하루 한 번 양치질이 가장 뛰어난 관리 능력을 보였어요.

Q. 치약을 너무 좋아해서 치약을 먹으려고 애가 얌전히 안 있어요. 어떡하죠?

A. 간혹 칫솔에 바른 치약 때문에 털북숭이의 양치가 더 힘들어지는 경우가 있어요. 바로 기호성 높은 맛 때문에 얌전히 양치를 하는 게 아니라 치약을 먹기 위해서 난리 치는 경우죠. 그럴 땐 그냥 물에 적신 칫솔로 양치를 한 후에 치약을 잇몸과 치아에 발라줘 보세요. 마치 칫솔질에 대한 보상처럼 말이에요.

Q. 밥을 먹이고 난 뒤 양치질을 해줘야겠죠?

A. 사람은 대개 밥을 먹고 난 뒤 양치질을 해요. 물론 털북숭이들도 밥을 먹고 난 뒤 양치를 하면 좋지만 필수적으로 지켜야 하는 것은 아니에요. 사람은 충치를 예방하기 위해서 식후 바로 양치질을 하는 게 좋아요. 하지만 털북숭이는 충치가 아닌 치주 질환을 예방하기 위해서예요. 그래서 식사 전 양치질도 충분히 효과가 있어요. 식사 전후 타이밍보다 중요한 건 바로 아이들이 순조롭게 양치질을 받아들일 수 있느냐예요. 이를 위해서 양치 후 간식이나 식사를 제공하는 것이 효과적일 수 있어요. 그러니 너무 식후에 하는 것을 고집하지 마세요.

치아 관리가 전혀 안 되어 노령에 대부분의 치아를 잃는 털북숭이들이 많아요. 입 주변에 손만 대도 하악 거리거나 으르렁 거린다면 어쩔 수 없겠죠. 이런 아이들은 자주 동물병원에 가서 체크받고 필요하면 정기적인 스케일링을 받아야 해요. 하지만 그렇지 않다면, 치아를 잘 보여주는 아이라면!

매일 하루 한 번의 양치질을 꼭 지켜주세요.

아무리 귀찮고 바빠도, 내 자식의 양치질은 당연히 내가 해줘야 하는 거니까요! 선택이 아닌 의무라는 점 명심하세요!

심장사상충이
심장에 사는 줄 알았죠?

털북숭이에게 기생하는 기생충은 크게 세 종류로 나뉘어요. 소화기계에 기생하는 내부 기생충, 귀나 피부에 기생하는 외부 기생충, 그리고 심장으로 드나드는 혈관 내부에 기생하는 심장사상충으로요. 심장사상충 감염의 경우 기생충의 수가 늘어나면 기침과 기력저하, 복수 등의 증상을 보이다 사망하게 될 수 있는 무서운 질환이죠. 그래서 모든 수의사들은 심장사상충 예방약을 매달(제품에 따라 3~12개월에 한 번) 적용하는 것을 추천해요.

실제로 많은 보호자분들이 매달 꼬박꼬박 심장사상충 예방을 위해 먹거나 바르는 제품을 적용하고 계시는데요. 여러분은 심장사상충에 대해 얼마나 잘 알고 계시나요? 이왕 매달 예방하는 거, 적을 제대로 알고 예방하면 어떨까요?

🐕 심장사상충은 심장에 살지 않아요!

옛날 아주 먼 옛날 수의학이 발달하기 전, 강아지를 부검하다 심장에서 기생충이 발견되었대요. 당시엔 당연히 심장에 사는 기생충인 줄 알고 '심장사상충, Heartworm'이란 이름을 붙였어요. 하지만 의학 기술이 발달한 뒤 이 기생충은 심장이 아닌 폐동맥[2]에 기생한다는 사실을 알게 되었어요. 강아지가 살아있을 땐 폐동맥에 기생하지만 죽고 나면 심장으로 옮겨가는 습성을 가지고 있었던 거지요. 하지만 이미 심장사상충으로 이름을 붙인 뒤라 현재까지 '폐동맥사상충'이 아닌 '심장사상충'이라 불리고 있어요(참고로 '사상충'은 실 모양의 기생충이라는 뜻이에요).

🐾 사상충 예방약을 매달 투여해도 사상충에 감염될 수 있어요!

심장사상충뿐만 아니라 모든 질병이 마찬가지지만 치료율 혹은 예방률 100%라는 건 있을 수 없어요. 작은 확률이지만 치료를 해도 효과가 없을 확률이 혹은 예방약을 먹어도 예방하지 못할 확률이 있어요. 심장사상충도 마찬가지예요. 매달 예방약을 적용해도 간혹 심장사상충에 감염되는 경우가 있어요. 그래서 사상충 관련 협회나 예방약을 만드는 회사에서는 매달 예방약을 적용해도 1년에 한 번 심장사상충 감염 여부를 검사할 것을 추천해요.

🐾 강아지(혹은 고양이)에서 태어난 아기 심장사상충은 그 안에서 어른 심장사상충이 될 수 없어요!

털북숭이 혈관 내에 기생하는 엄마 심장사상충에서 태어난 아기 심장사상충을 우리는 '마이크로필라리아'라고 불러요. 그런데 이 아기 심장사상충이 어엿한 어른 심장사상충이 되려면 꼭 모기 몸에 한 번은 들어갔다 와야 해요. 모기 몸에 들어가지 못한 아기 심장사상충은 정상적으로 성장할

---

2) 심장에서 허파로 산소가 적은 혈액을 보내는 혈관

수 없거든요. 그래서 모기가 강아지 피를 빨아먹을 때 강아지 혈관에서 응애거리며 떠돌던 갓난아기 심장사상충들이 모기의 주둥이를 통해 모기 배 속으로 들어가요. 모기의 배 속에서 유소년기를 보내며 유충 1기, 2기, 3기까지 성장한 청소년 심장사상충들은 이제 모기의 주둥이 근처에서 때를 기다려요. 그러다 그 모기가 다시 강아지(혹은 고양이) 피를 빠는 순간, 청소년 심장사상충들은 모기의 침에 섞여 나와 강아지 피부에 올라타게 되고 모기가 피를 빨아먹을 때 생긴 구멍을 타고 강아지 몸속으로 침투하게 돼요.

💬 태어난 지 6개월이 안 된 강아지는 심장사상충 검사를 할 필요가 없어요!

모기의 배 속에서 유소년기를 보내고 다시 강아지 몸으로 돌아온 청소년 심장사상충은 이제 유충 4기를 지나 어엿한 어른 심장사상충이 돼요. 어른 심장사상충이 되어서도 바로 아기를 낳지는 못해요. 다시 강아지 몸으로 돌아온 후로부터 6개월 정도 지나야 성 성숙이 완료되어 아기 심장사상충을 낳을 수 있게 되죠. 그런데 병원에서 간단하게 심장사상충 감염 여부를 검사할 수 있는 방법으로는 오직 아기 심장사상충과 성 성숙이 완료된 암컷 심장사상충만 찾아낼 수 있어요. 즉 성 성숙이 끝나지 않은 상태에선 간단한 혈액 검사로 찾아낼 방법이 없기에 만 6개월 이하의 강아지나 고양이에게선 현미경이나 진단 키트를 이용한 간단한 검사가 아무 의미 없어요.

태어난 지 6개월이 안 된 강아지는 감염이 안 된다는 뜻이 아니라 걸렸다 하더라도 적어도 6개월이 지나야 진단이 가능하니 굳이 이 방식의 검사를 할 필요가 없다는 뜻이에요. 오해하지 마세요!

🐾 다 큰 어른 심장사상충이 있어도 진단 키트에서 '음성'으로 나올 수 있어요!

위에서 잠깐 언급했듯이 '성 성숙이 완료된 암컷 심장사상충'이 있어야 진단 키트에서 검출이 돼요. 아기 심장사상충도 당연히 성 성숙이 완료된 암컷 심장사상충이 있어야 강아지 혈액 안에 존재할 수 있죠(엄마 없이 아기만 태어날 순 없으니까요!). 바꿔 말하면 아직 성 성숙이 덜 된 심장사상충들만 있거나, 수컷 심장사상충들만 득실대면 진단 키트 검사나 현미경 검사에서 '음성'이 나올 수 있어요. 그러니 좀 더 정확히 체크해 보기 위해선 흉부 방사선과 심장 초음파와 같은 추가적인 검사가 필요해요.

🐾 심장사상충은 길게는 7년까지도 살아요!

모기의 배 속으로 들어가 유소년기를 보내기 전인 아기 심장사상충은 그 상태로 강아지 혈관 내에서 1~2년까지도 살 수 있어요. 그 이후 모기 배 속으로 들어가 2주 정도의 유소년기를 보내요. 강아지의 몸으로 성공적인 침투 후엔 6~7개월의 성숙기를 보내고 그 이후로 5~7년 가까이 살 수 있어요. 굉장히 긴 성숙기와 수명을 가지고 있죠.

그런데 고양이에선 조금 달라요. 자기 구역(강아지 몸)과 다른 환경이다 보니 어른 심장사상충으로 자라기도 힘들어요. 게다가 역경을 이겨내고 자라난다 해도 장수하지 못해요. 고양이 몸에서 어른 심장사상충은 2~4년 정도밖에 살지 못하거든요. 게다가 거기선 가정을 꾸릴 수도 없기에 고양이의 혈관 내부에선 아기 심장사상충을 낳을 수도 없어요. 즉 아기 심장사상충에 대한 검사는 고양이에게서 무의미해요.

그럼 '고양이에게선 굳이 예방할 필요가 없겠네?!'라는 생각이 들 수 있지만 절대 그렇지 않아요! 미처 자라지 못하고 죽어가는 심장사상충들 때문

에 폐에서 격한 면역 반응이 일어나 심한 호흡기 질환이 생기거나 급작스
레 사망하게 될 수도 있거든요. 그러니 고양이도 심장사상충 예방과 검사
를 꾸준히 하는 게 좋아요.

이 외에 사상충 치료 방법이나 증상과 같은 흔한 정보들은 인터넷에서 손쉽
게 찾아보실 수 있을 거예요. 그래서 무한한 애정으로 책까지 사서 공부하
시는 분들을 위해 조금 더 심도 있는 내용들을 적어보았어요. 그런데 만약
이런 정보들을 미리 알고 계셨다면?! 당신께 존경의 박수를 보냅니다!

동물병원 진료실에서 마주친 수많은 오해들

반려동물, 사랑하니까 오해할 수 있어요

초 판 발 행 일	2023년 01월 06일
발 행 인	박영일
책 임 편 집	이해욱
저 자	황윤태
편 집 진 행	이소영
표 지 디 자 인	박종우
편 집 디 자 인	신해니
발 행 처	시대인
공 급 처	(주)시대고시기획
출 판 등 록	제 10-1521호
주 소	서울시 마포구 큰우물로 75 [도화동 538 성지 B/D] 6F
전 화	1600-3600
팩 스	02-701-8823
홈 페 이 지	www.sdedu.co.kr
I S B N	979-11-383-3956-8[13490]
정 가	15,000원

시대인은 종합교육그룹 (주)시대고시기획 · 시대교육의 단행본 브랜드입니다.